完全独習

統計学入門

小島寛之
Hiroyuki Kojima

ダイヤモンド社

はじめに

本書は、こんな統計学の本です

本書は、
- 統計学を初めて学ぶ人
- 統計学を改めて学び直したいという人
- 何度も挫折して、いまだ身についていない（と感じている）人
- 今まさに落ちこぼれつつある人

に向けた統計学の超入門書です。

他の教科書にはないいくつかの特徴があります。ここでは簡単に箇条書きで列挙しておきまましょう。もっと詳しく知りたい人は、第0講に詳しく書いてありますから、そちらをご一読ください。

① 「これ以上何かを削ったら、統計学にならない」という、**最小限の道具立て（ツール）と簡単さで書かれた「超入門書」**
② 確率の知識はほとんど使わない。微分積分もシグマも全く使わない。**使う数学は、中学の数学（ルートと1次不等式）まで**だから、高校数学がわからなくても（忘れてしまっていても）大丈夫
③ 毎講に**穴埋め式の簡単な練習問題がついているので、独習に最適**
④ 第1部では初歩の初歩からスタートしながらも、「**検定**」や「**区間推定**」**という統計学の最重要のゴールに最短時間で到達することを目指す**
⑤ 第2部では、第1部の内容に厚みをつけ、統計学での免許皆伝ともいえる**t分布を使った小標本の検定・区間推定に最も効率的にたどりつく**。基本が理解できれば、相当なところまで理解できる
⑥ 標準偏差の**意味が**「**体でわかる**」よう、簡単な計算問題や具体例で**徹底的に解説する**
⑦ **株や投資信託などへの投資のリスクを、統計学から理解して金融商品にも強くなってもらう**

それでは、さっそく始めましょう！

完全独習　統計学入門

目次

はじめに ------ 3

第0講 / 「統計学」を効率よく、1ステップずつ理解するために —— 本書のスタンス ------ 8

0-1 本書はなぜ2部構成になっているか／0-2 統計学とは何か——記述統計と推測統計／0-3 本書では、標準偏差(S.D.)を最も重要視する／0-4 本書では「確率」をほとんど扱わない／0-5 「95パーセント予言的中区間」を用いて説明／0-6 数学記号も数学公式もほとんど使わない／0-7 穴埋め式の簡単な練習問題で独習できる

第1部　速習！　標準偏差から検定・区間推定まで

第1講 / 度数分布表とヒストグラムで、データの特徴を浮き彫りにする ------ 16

第1講のまとめ ------ 22　　練習問題 ------ 23

第2講 / 平均値とはやじろべえの支点である —— 平均値の役割と捉え方 ------ 24

第2講のまとめ ------ 30　　練習問題 ------ 30

[コラム] 平均のとり方は、1つではない ------ 31

[補足] やじろべえの支点が「算術平均」になる理由 ------ 33

第3講 / データの散らばり具合を見積もる統計量 —— 分散と標準偏差 ------ 34

第3講のまとめ ------ 41　　練習問題 ------ 42

[補足] 偏差の平均が必ずゼロになる証明 ------ 43

第4講 / そのデータは「月並み」か「特殊」か？ 標準偏差（S.D.）で評価する —— 44

第4講のまとめ ……… 52　練習問題 ……… 52

[コラム] 偏差値で嫌な思いをしたことのあるあなたに ……… 53

第5講 / 標準偏差（S.D.）は、株のリスクの指標（ボラティリティ）として活用できる —— 54

第5講のまとめ ……… 58　練習問題 ……… 59

第6講 / 標準偏差（S.D.）でハイリスク・ハイリターン（シャープレシオ）も理解できる —— 60

第6講のまとめ ……… 66　練習問題 ……… 67

第7講 / 身長、コイン投げなど最もよく見られる分布、正規分布 —— 68

第7講のまとめ ……… 77　練習問題 ……… 78

[補足] 世の中が正規分布でいっぱいなわけ ……… 79

第8講 / 統計的推定の出発点、正規分布を使って「予言」する —— 80

第8講のまとめ ……… 88　練習問題 ……… 88

[コラム] 予言を確実に当てる占い師のテクニック ……… 89

第9講 / 1つのデータから母集団を推理する —— 仮説検定の考え方 —— 90

第9講のまとめ ……… 97　練習問題 ……… 97

[コラム] 統計的検定の画期的さとその限界 ……… 98

第10講　温度測定などの例で、95パーセント当たる信頼区間を探し出す──区間推定 ……… 100
　第10講のまとめ ……… 106　　練習問題 ……… 107

第2部　観測データから背後に広がる巨大な世界を推測する

第11講　「部分」によって「全体」を推論する
　　　　──母集団と統計的推定 ……… 110
　第11講のまとめ ……… 116　　練習問題 ……… 117

第12講　母集団のデータの散らばり具合を表す統計量
　　　　──母分散と母標準偏差 ……… 118
　第12講のまとめ ……… 121　　練習問題 ……… 122

第13講　複数データの平均値は、1個のデータより母平均に近くなる──標本平均の考え方 ……… 124
　第13講のまとめ ……… 130　　練習問題 ……… 131

第14講　観測データが増えるほど、予言区間は狭くなる
　　　　──正規母集団の便利グッズ、標本平均 ……… 132
　第14講のまとめ ……… 138　　練習問題 ……… 139

第15講　母分散のわかっている正規母集団の母平均は？
　　　　──標本平均を使った母平均の区間推定 ……… 140
　第15講のまとめ ……… 147　　練習問題 ……… 148

第16講 / カイ二乗分布の登場
── 標本分散の求め方とカイ二乗分布 ……… 150

第16講のまとめ ……… 157　練習問題 ……… 157

第17講 / 母分散をカイ二乗分布で推定する
── いよいよ正規母集団の母分散を推定 ……… 158

第17講のまとめ ……… 163　練習問題 ……… 164

第18講 / 標本分散はカイ二乗分布する
── 標本分散と比例する統計量Wの作り方 ……… 166

第18講のまとめ ……… 170　練習問題 ……… 171
［補足］WがVより自由度が1だけ下がる理由 ……… 172

第19講 / 母分散は、母平均を知らなくても推定できる
── 母平均が未知の正規母集団を区間推定 ……… 174

第19講のまとめ ……… 178　練習問題 ……… 179

第20講 / いよいよt分布の登場
── 母平均以外は「現実に観測された標本」で計算できる統計量 ……… 180

第20講のまとめ ……… 186　練習問題 ……… 187
［コラム］t分布は、ギネスビールのおかげで見つかった ……… 188

第21講 / t分布による区間推定
── 正規母集団で母分散がわからないときの母平均の推定 ……… 190

第21講のまとめ ……… 194　練習問題 ……… 195

おわりに ……… 196
文献案内　本書のあとで読むと良い統計学の教科書／金融と統計学を絡めて勉強したい人が読むと良い本／数理統計学をきちんと勉強したい人が読むと良い本／マンガで勉強したい人が読むと良い本 ……… 198
練習問題解答 ……… 200
索引 ……… 204

第0講

「統計学」を効率よく、
1ステップずつ理解するために
── 本書のスタンス

0-1 本書はなぜ2部構成になっているか

　本書は、統計学の入門書ですが、誤解を恐れず大胆にいうなら、「**これ以上何かを削ったら、統計学にならない**」というギリギリの道具立てと簡単さで書かれた「**超入門書**」です。

　本書は2部構成となっています。**第1部では初歩の初歩からスタートしながらも、「検定」や「区間推定」という統計学の最重要項目のゴールに最短時間で到達することを目指します**。

　この第1部を読めば、「統計学というのが何を目指すもので、それがどんなアイデアによって実現されるか」について短時間で一望できるはずです。

　現在統計学をどこかで習っていて「理解できない」と頭を抱えている人や、何冊も入門書を読んだけれど、いつも同じように挫折してしまった経験を持っている人は、**ぜひこの第1部をざっと流し読んでみてください**。

　きっとあなたが理解したくてもなかなか理解できなかったことが書いてあるはずです。忙しい読者は、ここまで読めば、「統計学ってこういうものか」という手応えを十分得られますので、価格分の元はとったと納得できるでしょう。

　第2部では、第1部の内容にもっと厚みをつけて、母集団に関する統計的推定の方法論を解説します。**第2部の目標は、t分布を使った小標本の検定・区間推定に最も効率的にたどりつくことです**。これを理解しさえすれば統計学のポイントがわかってしまうにもかかわらず、多くの学習者はここまでたどりつく前に挫折してしまいます。

　その原因として最もありがちなのは、データ処理の部門と確率の部門の両方で、ほとんど同じような計算が定義され、しかしそれがどうしたわけか別個に論じられ、何だか区別しなくてはならないらしいが、それが非常にわかりにくい、ということです。そのわけのわからなさのせいで、学習者が迷宮

にはまり込むのではないかと思われます。

　本書の第2部では、このデータ処理と確率の区別を含め、（学問的正確さの上では必要だろうが）素人には混乱の原因となる概念や枝葉はバッサバッサと切り捨てて、統計的推定の本質をストレートに理解できるように仕組んであります。つまり第2部でも、ある意味では**目標に向かって超特急で突っ走れる**ようになっているのです。

0-2 統計学とは何か──記述統計と推測統計

　統計学はおおまかにいって、2つのパーツから成り立っています。1つは、「**記述統計**」と呼ばれるパーツで、もう1つは「**推測統計**」と呼ばれるパーツです。

　記述統計というのは、要するに、**得られたデータからその特徴を抜き出すためのテクニック**のことで、起源はかなり古いといえます。たとえば、人口調査もデータの一種と見なすなら、「モーゼの十戒」のモーゼの時代やローマ帝国の時代などでもすでに統計が扱われていました。漢の時代の中国や大化改新の頃の日本にも徴税のための人口調査や土地調査は行われていました。

　しかし、記述統計のはっきりした起源は17世紀に求められるそうです。ドイツの学者ヘルマン・ローンリングの『国情論』、イギリスの軍人ジョン・グラントの『死亡表に関する自然的および政治的諸観察』、それとウイリアム・ペティの『政治算術』、エドモンド・ハレーの『死亡率の推算』などがそれに当たります。これらの研究では、はっきりと出生率や死亡率のデータに何らかの特徴を見出そうという記述統計のスタンスが見られます。

　その後、データの特徴を端的に抜き出すツールとして、**度数分布表**や**ヒストグラム**などのグラフ的な方法論と、（さまざまな）**平均値**や**標準偏差**など

の統計量による方法論とが開発されました。現代ではこれらの方法論は、社会や経済の状況を把握したり、気象や海洋などの環境を調査したりすることに利用されたりしています。

それに対して推測統計というのは、統計学の手法と確率理論をミックスして、**「全体を把握しきれないほど大きな対象」**や**「まだ起きておらず未来に起きること」**に関する推測を行うものです。これは、20世紀になって確立された方法論で、**「部分から全体を推測する」**という意味で、これまでになかった全く新しい科学だといっても過言ではありません。

身近なところでは、選挙速報が典型的な推測統計の成果といえます。まだ開票率数パーセントの段階で「当選確実」を報道できるのは、推測統計のおかげなのです。それ以外にも、地球温暖化の予想や株価の予想、金融商品や保険商品の価格付けなどにも、推測統計は欠かせない道具となっています。

0-3 本書では、標準偏差（S.D.）を最も重要視する

本書の第1部の前半では記述統計を解説しますが、そこでは**「標準偏差」に的を絞って徹底的にその意味を説明します**。標準偏差というのは、「データが平均値の周辺にどのくらいの広がりや散らばりを持っているか」ということを表す統計量です。筆者は、**「統計学にとって最も重要な道具は標準偏差である」**と理解していますが、多くの統計学の教科書では定義と計算法を説明する程度で流していってしまいます。それでは、学習者は「標準偏差とはなんぞや」ということを「体でわかる」ことができません。

しかし、**標準偏差のことを十分に体感していないと、その先に展開される正規分布やカイ二乗分布やt分布を利用した推測統計の方法論に出合ったとき、いったいそれが何をやっているのかをうまく飲み込むことができなくなります**。それで多くの人が統計学に挫折してしまうのだと思うのです。

そこで本書では、これでもか、というぐらいに、標準偏差のことをあの手この手で解説しています。**標準偏差にこれほどのページ数をさいている教科書はほかにはない**のではないか、という自負を持っています。つまり、単に定義を提示するだけではなく、バスのダイヤの乱れやサーファーのたとえ話や株の指標などを利用して、その意味について具体性を持って理解してもら

うようにしています。その副次的効果として、金融商品の優良性を判断する上で重要なボラティリティやシャープレシオなどもわかってしまうようになっています。これらの知識は、21世紀の高度金融社会を生きていく上ですごく役立つ知識となるはずです。

0-4 本書では「確率」をほとんど扱わない

0-2で述べたように、統計学を推測に使うためには、記述統計の方法論に確率理論を加えなければなりません。記述統計で習った平均値は、確率変数では期待値という名前で再登場し、データの標準偏差は確率変数においても同じ標準偏差という名前で再登場します。計算のやり方は同じなのに違うものとして扱われるので、学習者はひどく混乱すると思います（実際、筆者も最初に勉強したときはそうでした）。

そこで生じた混乱が、推測統計の勉強を進めるうちに次第に大きなものとなっていき、しまいには何が何だかさっぱりわからなくなっていってしまうのでしょう。

混乱の原因は、**統計と確率の違いが微妙である**ところにあります。統計というのは、観測されたデータの集まりですから、「**過去に起きたことに関する記述**」です。他方、確率というのは、「**未来に起きることに関する記述**」です。このように「現在」を基準に見ると2つは全く意味が違うわけですが、時間軸の上を行き来するとその違いは消滅してしまいます。

なぜなら、「未来に起きること」はそのときを過ぎれば、「すでに起きたデータ」になりますし、「過去に起きたこと」もその前の時点にさかのぼれば、「未来に起きること」となるからです。このように同じなのか異なっているのかが微妙である統計と確率に対して、平均値や標準偏差などの同じ計算を別々に適用するわけですから、混乱するのも無理ありません。しかも、推測統計の方法では（本書の第9講で詳しく論じてありますが）、「**もはや過去のものとして得られているデータをあたかも未来に出現するものであるかのように**」扱って、推測を行っているように見えます。したがって、慎重にものを考える人ほど、「いったい何をしているのかさっぱりわからん」というモヤモヤとした心境になることでしょう。

そこで本書では、このような混乱を避けるため、「できるだけ確率を使わない」という大胆な解説を試みました。

実際、本書をパラパラめくってくださればすぐわかることですが、他の統計学の本には必ずといっていいほど現れるコンビネーションの公式 $_nC_k$ や $P(X=x)$ のような確率変数の記号は一切出てきません。本書では、「**データセットにおいてデータ x は、全データの中の p パーセントを占める**」ということと、「**データセットの中から1つのデータを観測するとき、それが x である確率は p パーセントである**」ことを同一視して話を進めます。これは、推測統計の学者が丁寧に積み上げた理論の枠組みを無視することになり、心が痛むことは痛むのですが、むしろ多くの初心者の混乱を回避するのに不可欠な便法だと思いますし、一般の読者はさほど違和感はないだろうと推測しています。

0-5 「95パーセント予言的中区間」を用いて説明

ただし、1カ所だけこの「過去と未来の区別」にむしろこだわりを持ったところがあります。それは検定・区間推定の基礎となる考え方の部分です。

ここでは、**他書には全く解説されていないような筆者独自の考え方を提示します**。それは、「**95パーセント予言的中区間**」という筆者による造語で表現されています。これは、筆者の推測統計に関するオリジナルな解釈であり、その意味で統計学の専門家に叱られてしまうようなものかもしれません。しかし筆者は、確率論を使った意思決定理論の専門家として、ここに（哲学的な意味での）こだわりがあるのだ、と開き直っておきます。そして、この解釈こそが、多くの初心者の方に推測統計の発想のエッセンスを伝えることができる、そういう信念を持っています。その意味でこの解説は、本書において最も危なっかしいところであると同時に、最も売りとなるものです。

0-6 数学記号も数学公式もほとんど使わない

本書では、大胆に確率の部門をカットしたので、高校以上の数学を使う必要がなくなりました。他の統計学の教科書は、どんなに「入門」だとうたっ

ても、どんなに「易しい」とうたっても、確率に触れている限りは高校以上の数学を排除することができていません。コンビネーション記号やシグマ記号や確率変数の期待値は当然として、その上、微分積分の記号や計算がどうしても登場してきます。

しかし、**本書では、コンビネーション記号やシグマ記号や確率変数の期待値も使わず、微分積分も完全に排除しました。使うのは中学までの数学、それもおおよそ一次不等式とルート計算だけです。**

もちろん、このような簡易化は、統計学をフルに理解することのさまたげとなることは否めません。にもかかわらず、こういう方法を筆者が選んだのは、「**統計学の考え方の本質的な部分は、数学記号や数学公式なしでもきちんと伝えることができる**」と思ったからです。そしてむしろ、数学アレルギーのせいで統計学が理解できないでいる初心者には、統計学の「まじりものなしの本質」を理解してもらえれば、きっと数学もコミにしたフルセットを理解するのは他の本でもできるだろう、という思惑があるからです。

さらに本書では、**統計学の公式をできるだけ言葉を使って書き表してあります**。数学記号が苦手という理由で数理的なものを避けてしまう、というのは、いってみれば、音符が読めないから音楽を聴かない、というぐらいもったいないことです。誰もが「音楽の本質は音符とは別」ということに同意してくださることでしょう。同じように、「**統計学の本質は数学記号とは別**」、そう筆者はアピールしたいと思います。

0-7 穴埋め式の簡単な練習問題で独習できる

統計学に習熟するために欠かせないのは、**練習問題で実際に手計算をしてみる**ことです。ですから、本書には**練習問題が毎講の終わりにつけてあります**。これらは、その講の確認のようなもので、非常に簡単なものになっています。しかも、**順に穴埋めしていけば自然に解けてしまうような親切なフォーマットになっています**から、ぜひすべてを解いてください。

それでは、この本を手にとったすべての読者が、本書を読破し、統計学の門をくぐれることを祈って、講義を始めることとしましょう。

第1部

速習！ 標準偏差から検定・区間推定まで

第1部では、「統計学というのが何を目指すもので、それがどんなアイデアによって実現されるか」について短時間で一望することを目標とします。前半は記述統計、すなわち、データからその固有の特徴を引き出すための方法論として、度数分布表やヒストグラムなどの図表の作り方、平均値や標準偏差などの統計量の計算の仕方を説明します。とりわけ、「標準偏差とは何であるか」を徹底的にあの手この手で解説し、標準偏差のイメージを「体でわかって」もらいましょう。その副産物として、標準偏差が金融商品のリスクを測る重要な指標である、ということが理解できます。後半は推測統計についての超特急の解説です。正規分布から始めて、統計学の主役である検定・区間推定のアイデアに、最小限の道具立てによって最短でたどりついてもらいます。これを読み終えれば、統計学のココロがすんなりと頭に入ることでしょう。

第1講

度数分布表とヒストグラムで、データの特徴を浮き彫りにする

1-1 生データでは何もわからないから統計を使う

　私たちは日常的に多かれ少なかれデータを扱っています。商売をしているなら、日々の客数や売上額は最も重要なデータでしょう。また、学生ならテストの成績のデータは進学において大切な役割を果たします。あるいは成人なら、毎年の定期健診でもらう血圧や血中成分のデータが気になります。データと無縁に暮らしている人はいないのではないでしょうか。

　しかし、データというのは、生のまま（つまり、単なる数字の連なり）をボーッと眺めていても、それから何を受け取ればいいのかさっぱりわからない。たしかに、データはある意味「現実そのもの」を表してはいます。しかし、「漫然と眺めていても何もわからない」、という点では「データ」も「現実」も同じでいいと思います。

　たとえば、図表1-1を眺めてみてください。

　これは、女子大生80人の身長のデータです。（石村貞夫『統計解析のはなし（東京図書）』掲載の200個のデータの中から最初の80個を抜き出したもの）

　この80個の数字をじっと見つめて、何かを引き出せるでしょうか？

図表1-1　女子大生80人の身長(cm)

151	154	158	162
154	152	151	167
160	161	155	159
160	160	155	153
163	160	165	146
156	153	165	156
158	155	154	160
156	163	148	151
154	160	169	151
160	159	158	157
154	164	146	151
162	158	166	156
156	150	161	166
162	155	143	159
157	157	156	157
162	161	156	156
162	168	149	159
169	162	162	156
150	153	159	156
162	154	164	161

まず、非常に当たり前のことですが、「女子大生の身長は、**みんな同じではなく、まちまちな数値をとっている**」ということを確認しましょう。「日本人の成人女性」の一部という集団を扱っていますが、属するメンバーの身長は、さまざまな数値をとります。この「**さまざまな数値をとる**」ということを、専門の言葉で「**分布する**」といいます。分布が生じるのは、その数値が決まる背後に何らかの「**不確実性**」が働いているからに、ほかなりません。不確実性のメカニズムが、まちまちな身長の数値を生み出すと考えるのです。ところが、「不確実」と一口にいっても、それらには固有の「特徴」や「癖」があることがわかっています。その固有の特徴や癖を「**分布の特性**」と呼びます。

　さて、この身長のデータに固有の特徴や癖は何でしょうか。データ解析になじみのある方なら、数値をじっとにらんでいるだけで、多くの特徴や癖を引き出せるのでしょうが、普通の人にはただの数字の羅列にしか見えないに違いありません。

　そこで、この生データ、つまり、「生の現実」から、何かその分布の特徴や癖を引き出すための手法が必要になります。それが「**統計**」という手法なのです。

　統計で行われるのは、「**縮約**(しゅくやく)」と呼ばれる方法です。縮約というのは、「**データとして並んでいるたくさんの数字を、何かの基準で整理整頓して、意味のある情報だけを抽出する**」ということを意味する言葉で、おおまかに次の2つの手法があります。

①**グラフ化してその特徴を捉える**
②**1つの数字で特徴を代表させる**

その代表する数字のことを「**統計量**」と呼びます。

1-2　ヒストグラムを作る

縮約の方法として、まず、①のグラフ化から解説しましょう。生データからグラフを作る場合、最もポピュラーなグラフは「**ヒストグラム**」です。簡単にいうと、「**棒グラフ**」のことなのです。これを作るには、まず、度数分布表という表を作っておく必要があります。作り方は以下の通りです。

ステップ1
　データたちの中から数値の最も大きなもの（**最大値**）と最も小さなもの（**最小値**）を見つける。
　　↓
ステップ2
　おおよそ範囲が最大値から最小値になるような区切りのいい範囲を作り、その範囲を5～8程度の小範囲（小区間）に区切る。→これを「**階級**」と呼ぶ。
　　↓
ステップ3
　各階級を代表する数値を決める。基本的にどれを代表として選んでもいいが、一般には真ん中の値を選ぶことが多い。→これを「**階級値**」と呼ぶ。
　　↓
ステップ4
　各階級に入るデータ数をカウントする。→これを「**度数**」と呼ぶ。
　　↓
ステップ5
　各階級の度数の、全体の中に占める割合を計算する。→これを「**相対度数**」と呼ぶ。**相対度数は足すと1になる。**
　　↓
ステップ6
　その階級「まで」の度数を合計したものを計算する。→これを「**累積度数**」

と呼ぶ。累積度数の最後は、全データ数と一致する。

では、先ほどの図表1-1（女子大生80人の身長）のデータに対して、この作業を実行してみましょう（図表1-2参照）。

ステップ1
　最大値は169、最小値は143
ステップ2
　範囲を143に近い区切りのいい数字として140を選び、169に近い区切りのいい数字として170を選び、140から170までの範囲に階級を作る。5データずつ（5センチ刻み）にすれば6個の階級ができるのでちょうどいい（図表1-2の1列参照）。

**図表1-2
女子大生80人の身長の「度数分布表」**

階級	階級値	度数	相対度数	累積度数
141〜145	143	1	0.0125	1
146〜150	148	6	0.075	7
151〜155	153	19	0.2375	26
156〜160	158	30	0.375	56
161〜165	163	18	0.225	74
166〜170	168	6	0.075	80

ステップ3
　階級値として、真ん中の値を使う。たとえば、第一階級には141, 142, 143, 144, 145の5つのデータが入るので、真ん中の143を選ぶ。同様にすべての階級から代表値を選んだものが図表1-2の2列目。
ステップ4
　各階級に入るデータの総数（度数）をカウントする（図表1-1を1個ずつたどりながら、図表1-2左外に「正」の字を書いていくと効率的）。各度数は、図表1-2の3列目。
ステップ5
　各度数を全データ数80で割って、相対度数を出す。図表1-2の4列目参照（確認のため、足して1になることを確かめましょう）。
ステップ6
　度数を上から順次合計していき、累積度数を出す。図表1-2の5列目参照（確認のため、最後の行が全データ数80になることを確かめましょう）。

さて、以上で度数分布表ができあがりました。これをよく眺めてみます。

まず、重要なのは、**この度数分布表を作ったことによって、失った情報がある**、という点です。それは何でしょうか。それは、いうまでもないことですが、「**生データの数値そのもの**」です。

たとえば、図表1－2、第4階級の156センチから160センチの欄を見てください。ここには30個のデータがあることが度数からわかりますが、その30個のデータがおのおのどういう数値であるか、という細部が失われてしまっています。これが、度数分布表を作る、という縮約によって失われていることなのです。

しかし、この犠牲を払う代わりに私たちは貴重な情報を手に入れている、ということが大切です。度数を見てみましょう。身長の低い階級から順に、1、6、19、30、18、6となっていますね。これから次のようなデータの特徴が得られます。

特徴その1
身長は、のっぺりと均等に（一様に）分布しているのではなく、**ある場所に**（具体的には156～160の階級に）**データが集中している**。

特徴その2
さらには、集中している場所を基点にすると、そこから低いほうに向かっても高いほうに向かっても、同じような推移をする。つまり、データの分布には、**ある場所を軸にして左右の対称性がありそうだ**。

つまり、日本人の成人女性たちの身長が決まるメカニズムの背後には、何らかの「不確実性」が働いているわけだが、それには固有の特徴がある、とわかります。列挙すれば、
① どんな数値も可能であるわけではない
② ある身長（158センチあたり）の近辺に集中する
③ そこ（158センチあたり）を基点にして、大きいほうでも小さいほうでも「現れにくくなるその仕方は似かよっている」といった特徴です。

このようなことは、データを生のまま眺めていただけでは気づかなかったに違いない情報です。つまり、縮約というのは、データの細部を犠牲にする

けれども、その犠牲が逆に**データ分布とその背後にある特徴を浮き彫りにする**わけです。

これは、たとえてみるなら「話の要点」という感じでしょう。話を全部まるまる聞いていると、何が大事なのかがわからない。それで、話の細部で比較的不要なものを切っていくわけです。そうすることで、「要点」というものが浮き彫りになってきます。私たちが知りたいことは、たいていの場合、「話全部」ではなく、その「要点」のほうです。縮約というのも、データの要点をまとめる作業なのだと理解するとよいでしょう。

さて、度数分布表ができたら、次はそれを**棒グラフにしましょう**。手続きは以下のようになります。

ステップ1
横軸に階級値（度数分布表の2列目の数）を等間隔に置く
ステップ2
各階級値の上に棒を立てるのだが、棒の高さはその階級値の属する階級の度数（度数分布表の3列目）にする（相対度数の場合もある）。

このように作った棒グラフを**ヒストグラム**といいます。図表1-2の度数分布表をヒストグラムにしたものが、図表1-3です。

このヒストグラムを眺めてみると、先ほど度数分布表からわかることとして指摘したこと、つまり特徴その1と特徴その2のことですが、それがもっと明瞭にわかるようになりますね。棒は真ん中の3本が高く、外側は低い。

図表1-3　女子大生の身長の「ヒストグラム」

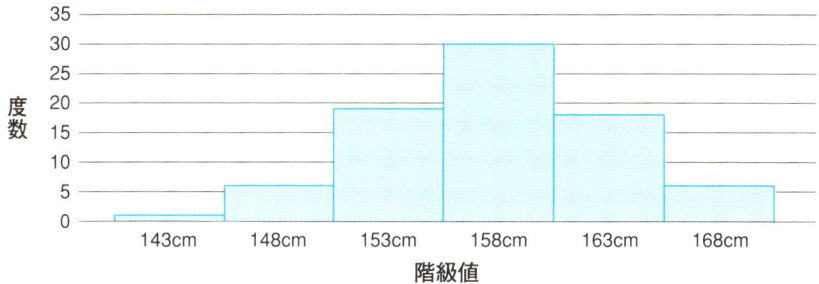

つまりデータが158センチ周辺に集中していることが見てとれます。また、データの分布に左右対称性に近い特性も見られます。

ここで、このヒストグラムの「読解法」をはっきりさせておきましょう。

たとえば、左から4本目の棒グラフは158の上に度数30の高さで立っています。これは、156センチから160センチの女子大生が30人いたことを表しています。しかし、今後のデータ処理のことを考える上で、次のような解釈も知っておいたほうがよいのです。

つまり「**158センチちょうどの身長の女子大生が30人いる**」ということです。こう解釈してしまうと現実を正確に表さなくなりますが、私たちが知りたいのは、「データのまるまる全体」ではなく、「**データに潜む特徴**」であることを思い出してください。「特徴」というのは、おおまかなものですから、上で提示した見方が多少雑であるにしても、私たちの目的を損なうものではない、と考えていいわけです。

ヒストグラムは、これから本書で行う統計学の解説で何度も重要な役割を演じるので、よく理解しておいてください。

[第1講のまとめ]

①生のデータは、現実そのままだが、それだけを眺めていても何もわからない。
②データを縮約する方法には、「**グラフ**」**を作る**ことと「**統計量**」**を求める**ことの2種類がある。
③度数分布表は、データを5〜8程度のグループに分けること。**度数分布表によって（データの集中箇所や対称性などの）データの特性が見抜ける。**
④**ヒストグラムとは、度数分布表を棒グラフに直したものである。**よりビジュアル的にデータの特徴をつかめる。

[練習問題]

図表1-4も、石村『統計解析のはなし』にある女子大生の体重データである。度数分布表とヒストグラムを作成せよ。

図表1-4　女子大生の体重

48	54	47	50	53	43	45	43
44	47	58	46	46	63	49	50
48	43	46	45	50	53	51	58
52	53	47	49	45	42	51	49
58	54	45	53	50	69	44	50
58	64	40	57	51	69	58	47
62	47	40	60	48	47	53	47
52	61	55	55	48	48	46	52
45	38	62	47	55	50	46	47
55	48	50	50	54	55	48	50

①度数分布表を作れ（相対度数は小数点第4位まで）

階級	階級値	度数	相対度数	累積度数
36〜40				
41〜45				
46〜50				
51〜55				
56〜60				
61〜65				
66〜70				

②ヒストグラムを描け

※解答は200ページ

第2講

平均値とは
やじろべえの支点である
―― 平均値の役割と捉え方

2-1 統計量は、データを要約する数値

　第1講では、データの特徴を見抜くための技術である「縮約」の方法として、度数分布表とヒストグラムを紹介しました。

　度数分布表やヒストグラムは、社会で非常に頻繁に利用されているものです。新聞や雑誌をめくれば、必ず何がしか掲載されていますね。たしかに、これらはデータの特徴を抜き出し、それを理解するのに一目瞭然の効果を持っているので、見事な工夫だといえます。しかし、残念ながらこれにはいくつかの難点もあるといわざるをえないのです。

　第一にあげたいのは、これらの**グラフを見てデータの特徴を考えるとき、受け取る印象が人によってまちまち**であるという点です。こうなると、その受けた印象をもとにして意見交換しても、うまく意思疎通ができるとは限らない、ということになってしまいます。

　たとえば、ヒストグラムの描く「形」が、どのくらい尖っているとかということは、言葉ではうまく表現できません。したがって、データから抽出された性質から、なんらかの科学的な結論やビジネス上の戦略で統一見解を作るときには、かなり不都合があるといえるでしょう。

　第二に困る点は、度数分布表にしても、ヒストグラムにしても、**非常に大きなスペースを要する**、ということです（前講を見直してみれば一目瞭然ですね）。この性質は、新聞や雑誌など、そもそも読み物としての面白さを必要とするものではそれほど問題ではないのでしょうが、学術的な論文や調査報告などでは、無意味にスペースを浪費するのはあまり好ましいことではありません。

そこで、このような表やグラフの2つの難点を乗り越えるために、もう1つの「縮約」の方法が発明されたわけです。それが「**統計量**」です。

統計量というのは、「データの特徴を1つの数字に要約する」、ということです。したがって、「**データのどんなたぐいの特徴を要約したいのか**」によって、さまざまな統計量が開発されています。本書では、その中で、ものすごく代表的なものに限定して紹介することにしようと思います。

具体的にいうと、「**平均値**」、「**分散**」、「**標準偏差**」です(もっと詳しくいうなら、標本平均、標本分散、標本標準偏差、母平均、母分散、母標準偏差ですが、当面、この区別は気にしなくていいです)。その手始めとして、この第2講ではまず、「**平均値**」を紹介することとしましょう。

2-2 平均値とは

平均値というのは、みなさんが小さい頃から親しんでいる統計量なので、あえて詳しく説明する必要はないでしょう。要するに、「**データの合計をデータ数で割る**」ということで得られるものです。

たとえば、図表1‐1の女子大生80人の身長のデータの平均値は、
$\{151+154+……+156+161\}÷80=157.575$
となります。

2-3 度数分布表での平均値

次に度数分布表の上で、平均値の計算を解説しましょう。

図表 2-1　階級値×相対度数の合計＝平均値

A 階級値	B 相対度数	A×B
143	0.0125	1.7875
148	0.075	11.1
153	0.2375	36.3375
158	0.375	59.25
163	0.225	36.675
168	0.075	12.6
	A×Bの合計（平均値）	**157.75**

　これも第1講で使った図表1-2の女子大生の身長のデータを使うことにします。必要なのは、階級値（階級を代表する数値）と相対度数だけなので、図表1-2からその部分だけを取り出して書きます。

　まず、結論からいうと、**階級値×相対度数の合計を計算すれば、平均値が出るということ**です。

　その計算を具体的に実行したものが、図表2-1なのです。

　度数分布表というのは、前講義でも解説したように、生データの中の情報の一部を捨ててしまっています。そのため、この方法で計算した平均値は、生データからの平均値とは少しズレています。

　しかし、ズレるとはいってもそれほどは「ズレない」ということもわかるでしょう。

　実際、生データからの平均値は前ページで見たように157.575センチで、度数分布表からのものは、157.75だからです。これなら実用に耐えうる範囲内の「ズレ」といえると思います。これは**度数分布表を作ることが、平均値という統計量には、それほど大きな影響を与えないこと**を意味しているのです。

　この計算、**（階級値×相対度数の合計）は、統計学の全体にわたって使われる**ものなので、よく記憶に留めておいてほしいと思います。できれば、この計算が自然に思えるまで、しっかりと頭に入れてもらいたいのです。

そのために、どうしてこの計算で平均値が求まるのか、いったい何をやっているのか、それを具体的に解説しておくことにしましょう。

　度数分布表は、データ全体をいくつかのグループ（これは階級と呼ばれた）に分け、「各グループのデータ全部が、代表的な値（階級値と呼ばれた）と同じだ」と見なしてしまったものだと考えていい、と前に説明しました。

　たとえば、第2階級の146センチから150センチのデータは6個ありますが、度数分布表では、この6個のデータは具体的に何であるかはわからなくなっています。そこで、この階級には「階級値148というデータが6個並んでいるんだ」と考えてしまうことにする、ということです。

　すると第2階級のデータの合計は、（階級値）×（度数）＝148×6と計算されますね。この掛け算を全階級についておこない合計すれば、全データの（仮想的な）合計になり、それを総データ数で割れば（仮想的な）平均値が出るとわかります。

　ところで、先ほどの第2階級の（階級値）×（度数）＝148×6を全データ数80で割り算すると、

$$148 \times 6 \div 80 = 148 \times \left(\frac{6}{80}\right) = （階級値）\times（相対度数）$$

となることに注目しましょう。

　これをすべての階級にわたる和について実行すれば、

平均値＝｛（階級値）×（度数）の和｝÷（総データ数）
　　　＝（階級値）×｛（度数）÷（総データ数）｝の和

となります。

　ここで、（度数）÷（総データ数）は相対度数ですから、

＝（階級値）×（相対度数）の和

となることが理解できます。これで、計算の意味が明らかになりました。

　さらにこの計算の意味がわかれば、「なぜ生データからの平均値からそれほどはずれないのか」、それもすんなり飲み込めるはずでしょう。

　たとえば、第2階級の中で、6個のデータをすべて148だと見なしてしまったわけですが、6個の中にはそれより大きいデータも小さいデータもあります。実際、図表1-1から第2階級のデータ6個を抜き出すと、146、146、148、149、150、150となっています。これらのデータをすべて148だと見な

してしまったわけですから、誤差が−2、−2、+1、+2、+2と出ています。しかし、この6個のデータを合計する際に、プラスの数とマイナスの数が相殺し合って、最終的な誤差は+1と、そんなには大きくならないわけです。

つまり、**同じ階級の中のすべての生データの合計は、階級値×度数と置き換えても、大きくはズレない**といえます。

2-4 平均値のヒストグラムの中での役割

続いて平均値が、ヒストグラムの上でどんな意味を持っているかを解説します。これも結論から先にいいましょう。それは、ヒストグラムをやじろべえと見なしたときのつり合いの支点ということになります。

たとえば、女子大生の身長のデータでは、図表2-2において、三角形の点が平均値157.75です。このヒストグラムをたとえばダンボールか何かで具体的に作って、三角形の位置を支点にして支えると、ヒストグラムはやじろべえのようにバランスがとれて、右にも左にも倒れない、そういうことになります。

どうしてそうなるかについては、［補足］で簡単に説明しますが、統計学を学ぶ上では重要なことではないので理解できなくても気にする必要はないし、あるいはその場所を読み飛ばしてもかまいません。

図表2-2　平均値＝やじろべえの支点

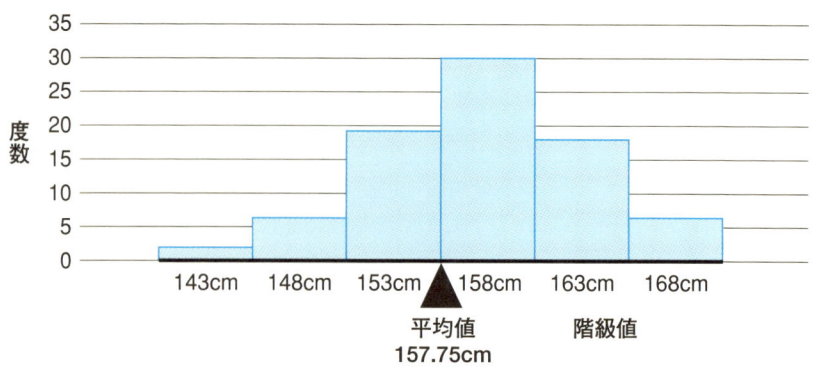

2-5　平均値をどう捉えるべきか

　以上のことを踏まえて、平均値というものをどう捉えるべきか、その見方を説明しましょう。

　最も重要な捉え方は、「**データは数値的に広がって存在しているが、その広がりの中から1点を『全データを代表する数値』として選び出したものだ**」という見方です。実際、やじろべえは、底辺（図表2-2のやじろべえの土台にあたるところ）の外側にある点を押さえてつり合わせることは不可能です。底辺上のどこかほどよい点を支点にしないとつり合いません。ですから平均値が、データが連なる中のどこか1点となるのは道理です。

　これを逆に見れば、「**データたちは平均値の周辺に分布している**」ということも、すぐに納得できるでしょう。たとえば、「ある種類の蜂の体長の平均値が5センチである」と知ったとします。私たちはこの情報から、「この種類の蜂すべてがぴったり5センチなわけではもちろんないが、おおよそその前後の体長を持っている。少なくとも20センチとか50センチということはないだろう」ということを知ることができるのです。

　次に理解すべきことは、「**多く現れるデータは平均値に与える影響力が大きい**」、ということです。階級値に相対度数を掛けて計算されるのだから、出現する割合の多いデータが和に対して大きな値を与えるのは当然のことだといえます。

　もう1つ重要なのは、「**ヒストグラムが左右対称の場合、平均値は対称軸の位置になる**」ということです。これは、やじろべえのバランスを想像してみれば、考えるまでもないことですが、この事実はとても役に立ちます。

　最後の見方は、「平均値というのは、仮に全データが同じその数字だったと見なした場合、**合計の意味では遜色がないような数である**」ということです。

　これは、

　　（平均値）＋（平均値）＋……＋（平均値）＝全データの合計

ということから得られる結論です。「全データを同じと見なしてしまうという乱暴な見方をしても、足し算という操作だけを扱うなら本質を損なうことはない」ことを意味しているわけです。

[第2講のまとめ]

度数分布表からの平均値の計算
平均値＝階級値×相対度数の合計

ヒストグラムにおける平均値の意味
ヒストグラムをやじろべえと見なしたときの、つり合いの支点

平均値の性質
その1　データは平均値の周辺に分布している
その2　多く現れるデータの平均値への影響力は大きい
その3　ヒストグラムが左右対称である場合、その対称軸の通る点が平均値になる

[練習問題]
次の架空のデータに関して、度数分布表を埋めて、平均値を計算せよ。

階級値	度数	相対度数	階級値×相対度数
30	5		
50	10		
70	15		
90	40		
110	20		
130	10		
	合計100		合計（平均値）

※解答は200ページ

column
平均のとり方は、1つではない

　平均値というと「足して個数で割る」というものを連想しがちですが、これは平均のとり方の1つにすぎず、**実はほかにもいろいろあるのです**。本文で述べたように、平均値というのは、データの最小値と最大値の間にある何か1つの数を代表者として選出したものですから、目的によって選ぶべき数が変わってくるのは自然です。

　たとえば、2つの数 x と y の平均を出したいとしましょう。

　「足して個数で割る」平均というのは $\frac{(x+y)}{2}$ ですが、これは「算術平均」と呼ばれ、最も有名なものです。

　これに対して「掛けてルートにする＝$\sqrt{xy}$」という平均の方法があります。

　これは「**相乗平均**」あるいは「**幾何平均**」と呼ばれ、「同じ数を2個掛けて、積xyと同じになるようにするなら、その数は何か」を求める計算。「**成長率**」を**平均する場合**などによく使われます。

　たとえば、ある企業がある年に売り上げを50％伸ばし、次の年に4％減らしたなら、その企業の売り上げの伸びを2年分でならすと、$\sqrt{1.5 \times 0.96} = \sqrt{1.44} = 1.2$ ですから、20％となります。要するに、**2年連続で20％ずつ成長した場合と結果的に同じになる**、ということなのです。実際、2年連続で20％ずつ成長すると1.2×1.2＝1.44で売り上げは1.44倍になり、これは1年目に50％、2年目に4％減のときの1.5×0.96＝1.44倍と一致しています。

　さらに別の平均の方法として、「**二乗平均**」というものもあります。これは各データを2乗して足して個数で割り、そのあとルートにします。式で書くと、

$\sqrt{\frac{(x^2+y^2)}{2}}$ というものです。

　これは、すぐあとに出てくる標準偏差のところで使われます。

　もう1つあげると、「**調和平均**」というものがあります。これは式で書くと、

$\frac{2}{\frac{1}{x}+\frac{1}{y}}$ というものですが、意味から考えたほうがわかりやすいでしょう。

　つまり、行きを時速 x キロメートル、帰りを時速 y キロメートルで移動したなら、結局平均時速何キロメートルで移動したことと同じになるか、それを求めているものだということです。片道を1キロメートルとすれば、行きにかかった時間は $\frac{1}{x}$、帰

りにかかった時間は $\frac{1}{y}$ であるから、往復2キロで $\frac{1}{x}+\frac{1}{y}$ 時間かかったことになり、したがって平均時速はさっきの式となる、というわけです。

　これらの平均は、すべてxとyの間に存在する、ある1つの数を選び出している作業にあたります。平均の仕方によって、選ばれる数値は異なるのですが、とにかく「xとyの間にある1つの数を選び出している」ことに変わりはありません。この中のどれがより「xとyを1つの数で代表するのにふさわしいか」というのは、「データ全体に関して何を知りたいのか」に依存して決まります。**用途に従って使い分ければいいのです。**

「合計の意味で本質を保持したい」なら**算術平均**を使うべきだし、「成長率などを扱う上で、掛け算の意味で本質を保持したい」なら**幾何平均**を使います。また、「速度」というものを扱うなら、**調和平均**を使うべきでしょう。

　たとえば、2つのテストの点数、10点と90点の平均を考えてみましょう。

算術平均は、$\frac{(10+90)}{2}=50$、

相乗平均は $\sqrt{(10\times 90)}=30$、

二乗平均は $\sqrt{\frac{100+8100}{2}}=64.03$、

調和平均は $\frac{2}{(\frac{1}{10}+\frac{1}{90})}=18$

になります（どれもが、**10と90の間の数ですよね**）。

　したがって、この2つの点数があなたの2回のテストの結果であるなら、親に平均点を伝えるとき、**二乗平均を伝えれば最も平均を大きく見せることができます**。また、10点が自分の点で90点が友人の点数である場合には、親には調和平均を伝えて、「自分は10点と悪い点をとったが、平均も18点だからみんなも悪かったんだ」と弁解すればいいわけです（いうまでもないことですが、これはジョークです。統計をこういう恣意的な使い方をするのはご法度であることを書き添えておきます）。

[補足] やじろべえの支点が「算術平均」になる理由

本文中で述べた「平均値がヒストグラムのやじろべえの支点になる」という事実を簡単に説明しましょう。今、データは2種類の数字xとyだけであり、xの度数がa個、yの度数がb個とします。

このヒストグラム図表2-2のやじろべえの支点mは、ここで支えるとやじろべえがつり合う点を意味しています。

ここで「てこの原理」を思い出しましょう。てこの原理とは、「(支点からの距離)×(乗っている重さ)が同じになるとき、やじろべえのつり合いがなされる」、というものでした。

ここでデータの度数を「重さ」と捉えることとします。つまりデータxの上には重さaグラム、データyの上にはbグラムの重さが乗っている、と考えるわけです。そうすると、データxの点に対しては、(支点からの距離)×(乗っている重さ)＝(m－x)×aで、データyの点に対しては、(支点からの距離)×(乗っている重さ)＝(y－m)×b、となります。

したがって、てこの原理から、**(m－x)×a＝(y－m)×b、が成立するmがつり合いの支点**となるわけです。

これをmについて解くと、

$$m = \frac{a}{a+b}x + \frac{b}{a+b}y、$$

となります。

これは、(**xの相対度数**)×**x**＋(**yの相対度数**)×**y**を意味していますから、**まさに平均値そのもの**となります。

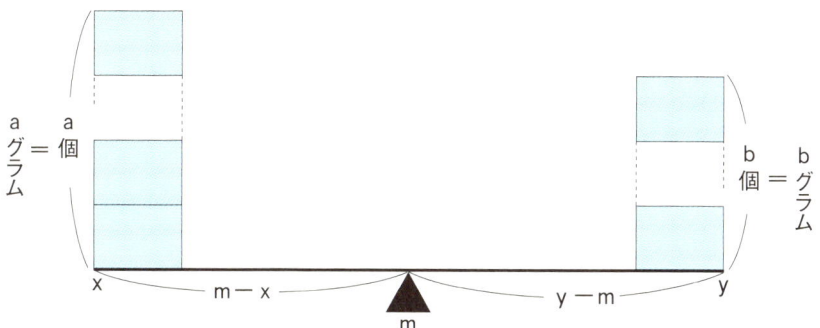

第3講

データの散らばり具合を見積もる統計量
── 分散と標準偏差

3-1 データの散らばりやバラツキを知りたい

　前講では、平均値というのが、「データはその周辺に分布していますよ」という目安にするもの、ということを説明しました。たとえば、「女子大生の身長の平均値が157センチ」と聞けば、「おおよそ女子大生の身長は、157センチ前後に分布している」と思っていい、ということだったわけです。

　しかし、これだけでデータの様子がわかった、というわけにはいきません。たしかに女子大生の身長は157センチ近辺に分布はしているのでしょうが、ほとんどの人が155センチから160センチあたりにあるのか、それとも130センチの人や200センチの人もけっこういるのかは、平均値からは全く推測できないからです。つまり、**平均値というのは、データの分布の中から1点を取り出したものにすぎず、データがその周辺にどのくらい広がっている、あるいは散らばっているのかは、わからないのです。**

　このことが最も重要な意味を持ってくるのは、**所得の分布**でしょう。たとえば、国Aと国Bの国民の平均所得が同じmドルだったとしましょう。これで、この2つの国が同じような富の配分の国であるか、というとそうはいえません。同じ平均所得mドルでも、ほとんどの国民がおおよそmドルであるような国は「平等性の高い」国ですし、国民の中には大金持ちも貧民も存在するような国は「貧富の差の大きい」国だからです。

　このようなデータの散らばりやバラツキを知ることがとても大切になるような日常的な例をあげましょう。それは**バスの運行状態**です。

　たとえば、あなたは、あるバスを利用するかどうかを悩んでいるとします。たとえば、バスAは、時刻表の到着時刻に対して、等確率で2分遅れたり2

分早く来たりするバスとしましょう。また、バスBは、時刻表の到着時刻に対して、等確率で10分遅れたり10分早く来たりするバスです。どちらのバスも、到着時刻の平均値だけ見る分には、時刻表通りに（遅れなしに）運行しているバスと見なされ、甲乙つけられません。

　このとき、そのバスの到着時刻の「平均値」を聞いただけで、利用の可否を決められるでしょうか。きっと誰もが「ノー」と答えることでしょう。

　バスAもバスBも平均としては、時刻表通りに運行していることがわかっても、それはあくまで平均であり、前後にどのくらいダイヤが乱れるのか、それを勘定に入れないと利用を決められないに決まっています。実際に、Aのバスは許容範囲でも、Bのバスを使うぐらいなら歩くか自家用車を使うほうがいいと多くの人が判断することでしょう。

　このバスAに対する「2分」とバスBに対する「10分」というのは、バスのダイヤの乱れ、到着時刻のムラや、散らばり具合を表している統計量だと考えることができます。バス利用の可否を決めるには、**平均値よりもこの散らばり具合の統計量を知ることのほうが大切**だと、実感として納得していただけますよね。

3-2 バスの到着時刻の例で、分散を理解する

　図表3-1は7時30分到着のバスの5日分の到着時刻のデータ（架空）です。

　この5個のデータの平均値を求めると、31になりますから、このバスは平均としては7時31分に到着するバスだと判断していいわけです。

　しかし見てわかるように、実際のバス到着時刻は、平均値31分の周辺にば

らついて分布しています。これはバスの到着時刻がまちまちであることを意味しているわけです。

ではその「まちまちさ」がどの程度なのか、それをどうやって測ったらいいのでしょうか。

まず有効なのは、5つの各データから平均値を引き算することです。それが図表3-2です。

これは**各データが平均値からのくらい大きいか、あるいは小さいか、を表しています**。プラスのときは大きいことを、マイナスのときは小さいことを意味します。この数値を統計学では「**偏差（deviation）**」と呼びます。この偏差を見ることによって私たちは、到着時刻の散らばり具合が、平均値（分布の代表として選んだ数値）から遅れるほうでは3分、早まるほうでは4分であることがわかります（図表3-3参照）。

図表3-1　7時30分着のバスの、5日分の到着時刻

単位（分）

32	27	29	34	33

図表3-2　平均値7時31分と比べて……

単位（分）

+1	−4	−2	+3	+2

図表3-3　到着時刻の「偏差」

+1	−4	−2	+3	+2

次に私たちが欲しい数値は、この5つの偏差を**縮約して、1つの数字で代表させたもの**です。しかし、単純に算術平均する（足して個数で割る）ことはうまくない、とすぐわかります。

実際、

$$\{(+1)+(-4)+(-2)+(+3)+(+2)\}\div5=0\div5=0$$

となります。

実は、**どんなデータに関しても、その偏差を作って、その偏差たちを算術平均するとゼロになってしまう**ことが証明できます（理由を知りたい人は、本講の最後の［補足］を見てください）。別に「必ずゼロになる」ことを知らなくとも、この方法がうまくないことは直感的にわかるはずです。プラス・マイナスをつけたまま平均してしまうと、プラスの数値とマイナスの数値が相殺してしまい、算術平均は小さくなってしまうことは明らかです。しかしこれは私たちの欲しい統計量として適役ではありません。

なぜなら、3分遅れることも3分早く来ることも、どちらもバスのダイヤ

の乱れを表しているので、それが打ち消し合って帳消しになってしまっては意味がないからです。

では、どのような平均の仕方をするのが好ましいのでしょうか。

プラス・マイナスの打ち消し合いが起きないような平均の仕方が必要です。前講のコラムに書いた平均の中で、「**二乗平均**」がそれにあたります。「**二乗平均**」とは、**平均したい数値を２乗して合計して個数で割り、そのあとルートにする**もので、数値たちの最大値と最小値の間の１つの数値が算出されます。これなら、２乗することでマイナスの符号をなくしてしまえるから、打ち消し合いが生じないことになります。

具体的にやってみましょう。

まず、偏差を２乗してから平均をとります。

$$\frac{(+1)^2+(-4)^2+(-2)^2+(+3)^2+(+2)^2}{5}$$
$$=\frac{(+1)(+1)+(-4)(-4)+(-2)(-2)+(+3)(+3)+(+2)(+2)}{5}$$
$$=\frac{1+16+4+9+4}{5}=6.8$$

まず、この段階（まだルートにしていないので二乗平均ではない）で出てきた統計量を「**分散**（variance）」と呼びます。データのバラツキ具合を評価できる量であり、数学的に非常に優れた性質を備えていることがわかっています。

しかし、この分散をそのまま「バラツキ具合を表す」としてしまうと、２つの点でまずいのです。第一は、「バラツキを表す数値としては大きすぎる」ということです。偏差の数値はせいぜいプラス・マイナス４程度の大きさなのに、分散は6.8だからだいぶ大きいですね。また、第二の難点として、「単位が変わってしまっている」という点もあげられます。元データは「分」が単位でしたが、分散では２乗したために「分^2」という単位になってしまっています。

この２つの点は、分散のルートをとって「二乗平均」を実現することで解消されます（初めからそうしないで「分散」という統計量を中継点とするのは、将来、分散が推測統計のツールとして使われるからなのです）。

分散をルートにした数値は$\sqrt{6.8}$＝約2.61ですが、これなら偏差たちを平均

した感じになって、また単位もきちんと「分」に戻ります。この統計量を「**標準偏差**（Standard Deviation）」と呼びます。標準偏差は、まさに偏差の二乗平均となっている量です。これは英語の頭文字を取って、「**S.D.**」とよく略されるので、暗記してください。本書でもS.D.という略語をたびたび用いることにします。

3-3 標準偏差の意味

さて、以上でバスのデータの標準偏差がわかりました。その過程をまとめると次のようになります。

①バスは、平均としては、時刻表（7時30分）より1分遅れるバスである。
②しかし、それがわかっただけでは、バスの信頼性は決められない。バスは、いつも1分遅れで到着するわけではなく、到着時刻にはバラツキがある。
③バスの到着時刻のバラツキ、ダイヤの乱れ、不確かさを測るのが標準偏差（S.D.）であり、それは約2.6分である。

さて、このS.D.＝約2.6は、私たちに何を教えてくれるでしょうか。それは、**「バスは平均的には時刻表より1分遅れで到着するのだが、実際の到着時刻はその前後におおよそ2.6分ほど散らばっている、と認識していい」**ということになります。

つまり、「平均値」がデータの分布を代表する数値であったのに対して、S.D.とはその代表値を基点にして、データがおおよそどのくらい遠くまで広がっているのか、それを表す量だ、ということです。

このことを理解するためのもう1つ例をあげましょう。

図表3-4は、（架空の）10点満点のテストの結果のデータです。データXとデータYとを比較すると、見た目だけで、データYのほうが散らばりの大きいデータだとわかりますが、これをS.D.からきちんと確認してみましょう。

まず、どちらのデータでも、平均値は5ですから、各データから平均値の5を引き算して、偏差を作ります（図表3-5参照）。

偏差を見ると、散らばりに関する認識はさらに明確になるでしょう。

図表3-4　2つの得点データと平均値

データX	4	4	5	6	6
データY	1	2	6	7	9

平均値＝5
平均値＝5

図表3-5　2つの得点データの偏差

データX	－1	－1	0	＋1	＋1
データY	－4	－3	＋1	＋2	＋4

　明らかにデータYのほうが散らばりが大きいですね（偏差の合計が両方ともゼロになることもご確認ください）。

　これを二乗平均して、S.D.を求めれば、それは完全な確信に至ります。

$$データXのS.D.=\sqrt{\frac{(-1)^2+(-1)^2+(0)^2+(+1)^2+(+1)^2}{5}}=約0.89$$

$$データYのS.D.=\sqrt{\frac{(-4)^2+(-3)^2+(+1)^2+(+2)^2+(+4)^2}{5}}=約3.03$$

　たしかにデータYのS.D.のほうが大きい数字になっています。
　また、S.D.の数字を個々に眺めても、なるほどと思えることでしょう。
　データXのS.D.は0.9程度ですが、実際、図表3－5に戻ると、データXのデータの偏差は±1程度、平均値の周辺に散らばっています。全部が1ずれているなら、S.D.は1になるのでしょうが、1つだけ偏差が0なので、その分、S.D.は1よりやや小さくなっているのです。
　また、データYのS.D.はおおよそ3ですが、偏差を見ると、1、2、3のズレが1個ずつ、4のズレが2個あるので、おおよそ3程度のズレであるのも納得できますね。

3-4 度数分布表から標準偏差を求める

　この入門編では必要ではないのですが、本書の後半で必要になるので、**度数分布表から標準偏差を求める方法**を解説しておきます。

まず、(階級値)×(相対度数)の合計で平均値が計算されることを思い出してください(第2講2-3参照)。したがって、こうして度数分布表から計算された平均値を階級値から引き算すれば、「階級値の偏差」が求まります。

これらを2乗して相対度数を掛けて合計すれば、「階級値の偏差の2乗の算術平均」が求まります。これが「分散」にあたります。

最後にこれのルートをとれば、それが「標準偏差」になります。

つまり、

　　(階級値－平均値)^2×(相対度数)の合計＝分散

　　$\sqrt{分散}$ ＝標準偏差

となります。図表3-6の例を見て感覚をつかんでください。

図表3-6　度数分布表からのS.D.の計算

A階級値	B相対度数	A×B
1	0.3	0.3
2	0.5	1.0
3	0.1	0.3
4	0.1	0.4

平均値＝2.0

A階級値	C階級値－平均値	C^2	B相対度数	C^2×B
1	－1	1	0.3	0.3
2	0	0	0.5	0
3	＋1	1	0.1	0.1
4	＋2	4	0.1	0.4

分散＝0.8
S.D.＝$\sqrt{0.8}$＝約0.89

[第3講のまとめ]

標準偏差について
平均値の計算
(データの合計)÷(データ数)

偏差の計算
偏差=(データの数値)-(平均値)

分散の計算
分散={(偏差の2乗)の合計}÷(データ数)

標準偏差の計算
標準偏差=$\sqrt{分散}$=偏差の二乗平均

度数分布表からの分散と標準偏差の計算
分散=(階級値-平均値)^2×(相対度数)の合計
標準偏差=$\sqrt{分散}$

標準偏差の意味
平均値は、データの分布から代表的な数として取り出されたもの。
したがって、データは平均値を基点にして、その前後に広がっていると考えていい。
しかし、その広がり・散らばりがどの程度のものなのかは、平均値からはわからない。
その広がり・散らばりを評価するのが標準偏差である。
標準偏差は、データたちの平均値からの離れ方を平均化したものである。そのとき、大きいほうに離れようが、小さいほうに離れようが、どちらも正の数として評価し、打ち消し合わないように平均させている。

[練習問題]

次の架空のデータの標準偏差を、次のステップで計算してみよ。

ステップ1 まず平均を計算しよう。

データ	6	4	6	6	6	3	7	2	2	8	平均値

ステップ2 偏差を計算しよう。

偏差										

ステップ3 偏差の2乗とその平均（＝分散）を計算しよう。

偏差の2乗											平均値

ステップ4 標準偏差を計算しよう。

標準偏差＝（偏差の2乗平均）の平方根（$\sqrt{}$）＝

※解答は200ページ

[補足] 偏差の平均が必ずゼロになる証明

（偏差の平均）
＝（偏差の合計）÷（データ数）
＝［{（データ）－（平均値）}の合計］÷（データ数）
＝{（データ）の合計－（平均値）×（データ数）}÷（データ数）
＝（データ）の合計÷（データ数）－（平均値）×（データ数）÷（データ数）
＝（平均値）－（平均値）
＝0

あるいは「やじろべえのつり合い」を使って次のように理解してもよい。

各データから平均値を引き算するということは、ヒストグラムにおいては、グラフを平均値の分だけ左に（負の方向に）平行移動することである。このとき、各データの移動先は偏差の位置となる。また、平行移動しただけなのだから、新しいやじろべえの支点は、当然元の平均値の移動先となる。

これは（平均値）－（平均値）＝0 である。

やじろべえの支点とは、ヒストグラムの平均値であるから、このことは偏差（データの移動先）の平均値が0（元の平均値の移動先）であることを意味している。

第4講

そのデータは「月並み」か「特殊」か？標準偏差（S.D.）で評価する

4-1 標準偏差は波の「激しさ」

　前講では、標準偏差（S.D.）のことを解説しました。たぶん、多くの読者は、一回説明をお読みになっただけでは、今イチ飲み込めていないのではないか、と思われます。そこで、もうちょっとイメージ的な補足を試みることにしましょう。

　筆者は、標準偏差を学生に教えるとき、いつも「サーファーの気持ちになってごらんなさい」といっています。サーファーにとって、海の水位も大切ですが、最も大切なのはそれではありません。いうまでもなく、「**どのくらい波が上下動しているか**」、それが関心の的です（筆者はサーフィンとはまるで縁がありませんが、サーファーのゼミ生から聞いたので間違いないはずです）。

　ここで「海の水位」というのは、「平均値」にあたります。波の上下動をならしてしまって、仮に一定の水位だとしたらどのくらいになるか、それが平均値でした。それに対して、**波打ちの激しさ**が、「**標準偏差**」にあたるといえます。平均の水位に対して、おおよそ上下に50センチメートル上下する波と、おおよそ1メートル上下する波では、サーファーにとって**全く別ものの海**といえるでしょう。サーファーが海について最も知りたいのは、波のS.D.なのです。バスの例では、S.D.が小さいバスのほうが好まれました。これとは反対に、サーフィンではS.D.の大きい海が好まれるはずです。

図表4-1　標準偏差をサーファーの気持ちで考えると……

「海の水位」は、「平均値」

波打ちの激しさが、「標準偏差」

4-2　S.D.がわかるとデータの「特殊性」を評価できる

　S.D.を知ることで、データについて何がわかるのでしょうか。
　これは、2つの見方があります。第一は、「**1セットのデータの中のある1つのデータの持つ意味**」がわかる、ということです。そして第二は、「**複数のデータのセットを比較して出てくる違い**」がわかる、ということです。
　第一の利用法を解説しましょう。
　あなたが今、テストが返却され、結果は75点で、平均点60点より15点高かったとしましょう。このとき、あなたはどの程度喜ぶべきなのでしょうか。
　もちろん、平均点より高い点をとったのですから、胸を張っていいことは確かです。しかし、問題は「どのくらい胸を張れるか」ですね。このときあなたが知るべきなのは、「S.D.が何点か」ということなのです。

今、S.D.が12点だったとしましょう。すると、あなたがとった点は「おおよそS.D.1個分程度高い点数」だということがわかります。S.D.＝標準偏差は「平均値から離れ方を平均化した値」であったことを思い出しましょう。すると、あなたの点数は平均点からよいほう（平均点より上）に「普通に」離れた値、「**典型的な離れ方**」ということになります。とすれば、こういう得点の人はたくさんいるでしょうから、**そんなに大きく胸を張れない**、ということになるでしょう。

逆に、S.D.がもっと低く、8点程度だったとしてみます。このときあなたは、さっきよりはずっと自分の点数に胸を張っていいことになります。平均点からの離れ方（を全員に対して平均化したなら）が8点程度である中で、**あなたはその倍も離れている**からです。

図表4-2 「標準偏差が何点か」が重要

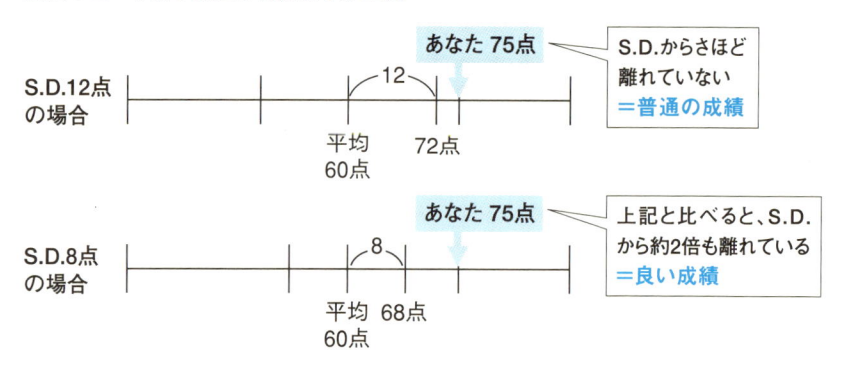

S.D.12点の場合：平均60点、あなた75点（12離れ＝72点の位置）
→ S.D.からさほど離れていない ＝普通の成績

S.D.8点の場合：平均60点、あなた75点（8離れ＝68点の位置）
→ 上記と比べると、S.D.から約2倍も離れている ＝良い成績

この例からかわるように、1セットのデータの中のある1個のデータの特殊性は、**平均からの離れ方**（これを「偏差」と呼ぶことを前に説明しました）の数値そのものでは計測することはできず、**S.D.を基準に見直さなければならない**ことがわかりました。この例でいうなら、S.D.1個分程度の場合はそれほど特殊とはいえず、S.D.2個程度になるとある程度特殊といえる、というようなことです。したがって、「**偏差をS.D.（標準偏差）で測っていくつ分**」と表す変換が重要となってくるわけです。つまりこれは、

　{(データ)－(平均値)}÷(S.D.) という計算を基準にデータを評価する

ということです。

統計学の常識として以下のようなおおまかな基準が広く了解されています。

データの特殊性の評価基準
1セットのデータの中におけるあるデータの偏差が、S.D.で測って±1個分前後であれば、それは「月並みなデータ」であるといえる。

また、±2個分の外側のデータである場合は「特殊なデータ」だといえる。

ここで参考までに、「特殊」というのがどの程度のものなのか見ておきましょう。データのセットが素性のいいものであれば（専門的にいうと「**正規分布に近い**」ということ。この正規分布については、あとの講で詳しく解説します）、**平均値からS.D.±1個の範囲内に約7割のデータが入ってしまう**、と考えていいのです。また、**S.D.±2個より離れるデータは両側合わせて約5パーセント**しかない、と判断しておおよそ正しいのです（73ページで再度解説します）。

つまり、あなたのデータが平均値より大きいほうにS.D.2個以上離れているのであれば、それは**全体の2.5パーセント程度しか存在しない**データ、ということを意味しているので、（いい意味か悪い意味かは、時と場合によりますが）かなり「**特殊な立場**」にいる、といっていいわけです。

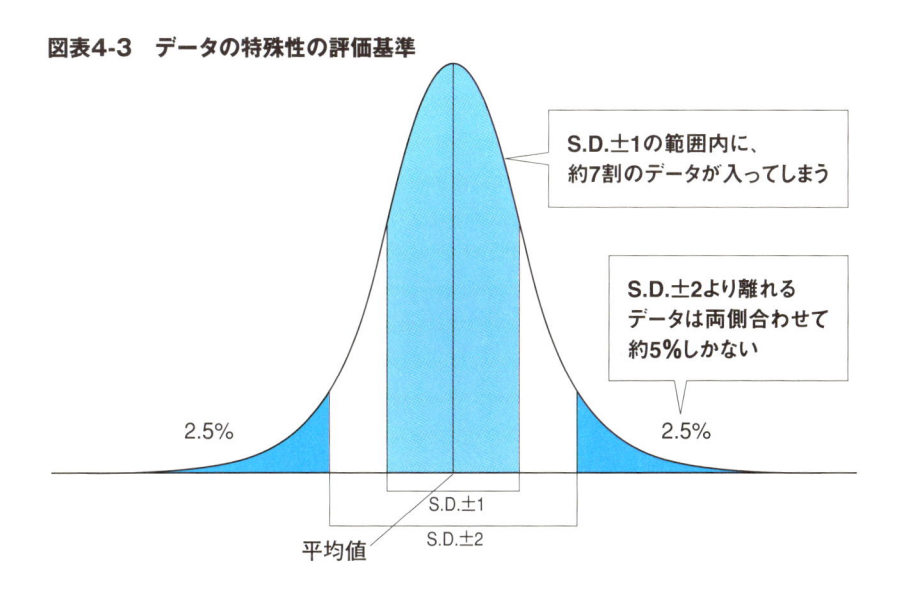

図表4-3　データの特殊性の評価基準

S.D.±1の範囲内に、約7割のデータが入ってしまう

S.D.±2より離れるデータは両側合わせて約5％しかない

2.5%　　　2.5%

S.D.±1
平均値　　S.D.±2

4-3 複数のデータセットの比較

次に、「複数のデータセットを比較する」場合のS.D.の使い方について説明しましょう。

たとえば、X君は模擬テストを10回受けて平均点が60点でS.D.が10点だったとし、他方Y君は同じ模擬テストを10回受けて平均点が50点でS.D.が30点だったとしましょう。このことから何が読み取れるでしょうか。

平均点だけから見れば、X君のほうがY君より優秀な学生ということになるでしょうが、これだけではこの2人の受験での結果を見通すことはできません。実際、X君の平均点は60点、S.D.は10点ですから、X君はS.D.1個分の幅をとって、おおよそ50〜70の範囲の点数をとる人だと見積もることができます。それに対して、Y君は平均点が50点、S.D.が30点ですから、おおよそ20〜80の範囲の点数をとる学生だと推察できます。

つまり、**X君は「安定した」成績をとる人で、Y君は「ムラのある」成績をとる人**だということです。

このことから、2人には「優秀さ」だけでは評価しきれない面がある、そういうことがわかります。X君は、50点で入れるような学校ならきっと不合格になることがないでしょうが、しかし、80点ないと合格しないような学校にはなかなか入れないでしょう。それに対してY君は、40点で入れる学校にも不合格になる可能性がある反面、80点を要する学校にも合格のチャンスがある、ということなのです。

このように、S.D.も加えて考えるなら、X君とY君は、「優秀さ」という序列的な評価ではなく、「性質の違い」として評価されうることがわかります。

図表4-4　複数のデータセットの比較で何がわかるか

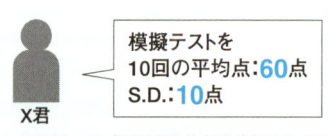

X君
模擬テストを10回の平均点：**60点**
S.D.：**10点**
S.D.から50〜70点の範囲の点数をとる人だとわかる＝安定した成績をとる人
ただし、80点が合格ラインの学校には受からない

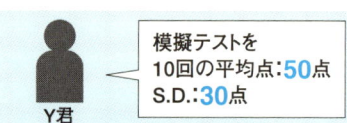

Y君
模擬テストを10回の平均点：**50点**
S.D.：**30点**
S.D.から20〜80点の範囲の点数をとる人だとわかる＝ムラのある成績をとる人
ただし、本番80点をとって合格するかもしれない

平均点だけ見るとX君のほうが成績優秀に思えるが、一概にはいえない

4-4 加工されたデータの平均値と標準偏差

　ここで1セットのデータに簡単な加工をしたとき、平均値や標準偏差がどのように変化するかという少々数学的なことを解説しておきましょう。これはすぐには使いませんが、第7講あたりから重要になります。

　まず、1セットのデータに同じ数を加えると平均値や標準偏差がどうなるか見てみます。たとえば、5つのデータ1、3、4、5、7を使いましょう。これをデータXと名づけましょう。

　図表4-5を見てください。

図表4-5　データに一定数を加えて加工する

データX　1, 3, 4, 5, 7　——それぞれに4を加える——→　5, 7, 8, 9, 11　データY

Xの平均値　$\frac{1+3+4+5+7}{5}=4$　——→　$\frac{5+7+8+9+11}{5}=8$　Yの平均値（4大きくなる）

Xの偏差　$-3, -1, 0, +1, +3$　——→　$-3, -1, 0, +1, +3$　Yの偏差（同じ）

Xの分散　　　　　　　　　　　　　　　　　　　　　　　　　　Yの分散（同じ）

$\frac{(-3)^2+(-1)^2+0^2+(+1)^2+(+3)^2}{5}=4$　——→　$\frac{(-3)^2+(-1)^2+0^2+(+1)^2+(+3)^2}{5}=4$

Xの標準偏差　$\sqrt{4}=2$　——————→　$\sqrt{4}=2$　Yの標準偏差（同じ）

　これはデータXを、各データの数値に4を加えて加工してデータYを作ったものです。

　ご覧のように、Xに対して、Yは平均値が4大きくなっています。これは、すべてのデータが4増えたのだから当然のことです（ヒストグラムが右に4移動するのだから、やじろべえの支点も同じだけ移動する、と理解してもよい）。すると、偏差は全く同じになることは簡単に納得できるでしょう。各データが4大きくなり、平均値も4大きくなっているのだから、（データ）−（平均値）はもとと同じになるわけです。

　以上のことから、次の法則がわかります。

データに一定数を加えて加工する効果

　データのセットXの全データに一定数aを加えて、新しいデータのセットYを作ると、データYの平均値はデータXの平均値にaを加えたものになり、データYの分散とS.D.はデータXのそれらから変化しない。

　次に、データのセットXの各データを2倍するとどうなるか見てみましょう。

図表4-6　データに一定数を掛けて加工する

データX　1, 3, 4, 5, 7　——それぞれを2倍する——→　2, 6, 8, 10, 14　データY

Xの平均値　$\dfrac{1+3+4+5+7}{5}=4$　——→　$\dfrac{2+6+8+10+14}{5}=8$　Yの平均値（2倍になる）

Xの偏差　$-3, -1, 0, +1, +3$　——→　$-6, -2, 0, +2, +6$　Yの偏差（2倍になる）

Xの分散　　　　　　　　　　　　　　　　　　　　　　　Yの分散（4倍になる）

$\dfrac{(-3)^2+(-1)^2+0^2+(+1)^2+(+3)^2}{5}=4$　——→　$\dfrac{(-6)^2+(-2)^2+0^2+(+2)^2+(+6)^2}{5}=16$

Xの標準偏差　$\sqrt{4}=2$　——————→　$\sqrt{16}=4$　Yの標準偏差（2倍になる）

　図表4-6のように、平均値は2倍になり、それに伴って偏差も2倍になります。このことから、分散は2の2乗倍で4倍になるとわかります（偏差を2乗して平均するからです）。したがって、標準偏差は（ルートをとる効果によって）2倍になります。以上のことをまとめると、

データに一定数を掛けて加工する効果

　データのセットXの全データに一定数kを掛けて、新しいデータのセットYを作ると、データYの平均値はデータXの平均値にkを掛けたものになり、データYの分散はkの2乗倍、S.D.はk倍となる。

　この2つの法則の応用として、4-2項で扱った「S.D.何個分」というデータの見方、すなわち、

　　　{（データ）－（平均値）}÷（S.D.）

というデータの加工で、平均値やS.D.がどうなるかを見ることにしましょう。

まず、（データ）−（平均値）というのは各データから平均値を引くことを表していますから、その平均値は（平均値−平均値で）0になり、S.D.は同じままです（43ページでも解説済み）。

次に各データをS.D.で割るということはS.D.の逆数 $\left(\dfrac{1}{\text{S.D.}}\right)$ を掛けることですから、加工されたデータのS.D.は（もとのデータのS.D.）×（もとのデータのS.D.の逆数）＝1となります。まとめると、

S.D.何個分となるようにデータを加工する効果

データを、

　　{（データ）−（平均値）}÷（S.D.）

と加工すると、できたデータの平均値は0でS.D.は1となる

という大切な法則が得られます。

[第4講のまとめ]

①データの特殊性を判断するには、**S.D.を基準**にする。
②**平均からS.D.1個前後しか離れていないデータは月並みなデータ**といえる。また、**平均からS.D.2個を上回って離れるデータは、特殊なデータ**といえる。
③**S.D.何個分**ということを知るには、
{(データ)−(平均値)}÷(S.D.)
を計算すればいい。
④-1 データのセットＸの全データに**一定数aを加えて**新しいデータのセットＹを作ると、**データＹの平均値はデータＸの平均値にaを加えたものになり、データＹの分散とS.D.はデータＸのそれらから変化しない**。
④-2 データのセットＸの全データに**一定数kを掛けて**新しいデータのセットＹを作ると、**データＹの平均値はデータＸの平均値にkを掛けたものになり、データＹの分散はkの2乗倍、S.D.はk倍となる**。
⑤データを、{(データ)−(平均値)}÷(S.D.) と加工すると、できた**データの平均値は0でS.D.は1**となる。

[練習問題] カッコ内を埋める、もしくは正しいほうに○をつけよ。

日本の成人女性の身長の平均値を160センチ、S.D.を10センチとしよう。このとき、

①身長が150センチの女性は、S.D.で測って(　　　)個分平均値より低い。これはデータとして特殊だと (いってよい・いえない)。

②身長が185センチの女性は、S.D.で測って(　　　)個分平均値より高い。これはデータとして特殊だと (いってよい・いえない)。

※解答は200ページ

column
偏差値で嫌な思いをしたことのあるあなたに

　偏差値という統計量が、受験戦争を通じて日本の社会に定着しました。学生時代に偏差値に振り回されて嫌な思いをした方も多いと思います。しかし、この「偏差値」という統計量をきちんと理解している人は案外少ないようです。

　偏差値というのは、次のように算出されます。まず、テストの平均点に対して、偏差値50を与えます。次に平均点からS.D.で測って1個分高くなるごとに偏差値10点を加えます。また、1個分低くなるごとに偏差値10点を減じます。これが偏差値の計算です。

　以上からわかることは、偏差値が50±10の範囲の点数、つまり**偏差値で40〜60にあたる得点は**「**平凡な**」「**月並みな**」「**よく見られる**」**点数**だということになります。このことを考えれば、偏差値55と偏差値60を比べても、「どちらも平均からよくあるズレ方であること」を意味しているだけで、その差は「偶然の所産」としかいえず、こだわるほどのことでもない、ということがわかるでしょう。

　もちろん、偏差値70、80にあたる得点とか、はたまた、偏差値30、20にあたる得点とかはかなり「特殊な」成績だということができますから、こういう成績の人は、自分を活かせる人生設計をよくよく考える必要があるのも確かです。

　このように、偏差値というのが、単なるS.D.だとわかってしまった読者なら、「偏差値のこまごました数値に一喜一憂する」ことも、はたまた「偏差値は子供をダメにする」などと大仰な社会批判をするのも、いかがなものかという気分がわかっていただけるのではないか、と思います。

　要は、**統計量の意味をきちんと理解してそれ相応の使い方をすべし**ということなのです。

第5講

標準偏差(S.D.)は、株のリスクの指標(ボラティリティ)として活用できる

5-1 株の平均収益率とは何か

　インターネットの整備とともにパソコンが普及し、IT社会が到来しました。この環境でがぜん注目を集めているのが、インターネットなどを利用した個人投資家による株取引の活発化です。いまや、機関投資家でない多くの個人が、デイトレードと呼ばれるパソコンや携帯電話での取引にいそしんでいます(機関投資家とは、広く資金を集めて、それを元手に投資のプロが運用し、元金に収益を付加して資金の委託者に還付する組織のこと。収益の一部を成功報酬として受け取ることで運営される)。

　ところで、**株取引で儲けるにはどうすればいいのでしょう**。おおまかにいって2つの手法があります。第一は、**配当をもらってそれを収益とする**ことです。株というのは、ひとことでいえば、「会社の所有権」のことです。株の所有者は、当該の企業から利潤の一部を配当という形式で、持ち株比率に応じて毎年受け取ることができます。これは貯蓄の利子にあたるものと考えればわかりやすいでしょう。配当として得られる収益のことを、**インカムゲイン**といいます。

　他方、配当という形式でなく儲ける手法があります。株は株式市場で時々刻々と売買が繰り返されています。ですから、株式市場においてある株を、「**安いときに買って、高くなったら売り、その差額を儲ける**」ということが可能です。つまり、当該企業の株式市場における価格の変動を利用して儲けるわけです。このような収益は**キャピタルゲイン**と呼ばれます。

　このキャピタルゲインを目当てとした取引を行う場合、重要になるのは、株の「**平均収益率**」という指標です。ここでは特に、月次平均収益率を取り

上げましょう。

月次平均収益率というのは、ある銘柄の株が1カ月の間に何パーセント値上がりしたか（値下がりの場合は**マイナスの値上がり**と見なす）を、年12カ月にわたってデータ収集し、その平均をとったものです。

例えば「月次平均収益率10パーセント」といったら、この銘柄の株が平均として1カ月に10パーセント値上がりしたことを意味します。つまり「この株を100万円分購入し1カ月保有したあと売却すると、平均として値上がり分の10万円を収益とすることができる」ことを意味するわけです（図表5-1参照）。

図表5-1
100万円の株で10万円儲ける

ある銘柄の株が1カ月の間に何パーセント値上がりしたか（値下がりの場合はマイナスの値上がりと見なす）を、12カ月にわたってデータ収集し、その平均をとったもの＝月次平均収益率。

月次平均収益率：10パーセント
＝平均として1カ月に10％値上がり
　　　　　　↓
　この株を100万円分購入
　　　　　　↓
　1カ月間保有したあと売却
　　　　　　↓
　　110万円で売却
（平均として値上がり分の）
10万円の収益に！

5-2 平均収益率だけでは、優良な投資かどうかは判断できない

では、1980年代の株の月次収益率の平均値を見てみましょう。

図表5-2　株の月次平均収益率

年	1980	1981	1982	1983	1984	平均
月次平均収益率	2.05	2.46	－1.33	2.04	－0.54	0.94

図表5-2は、1980年代の株の月次平均収益率です。日本の企業を代表するものとして新日本製鉄の株について集計したものです（國友直人『現代統計学』日経文庫より）。

　たとえば、1981年を見ると、月次収益率の平均値はおおよそ2.5パーセントであるとわかります。これだけ見ると、この年の株取引はぼろ儲けだったように見えます。月間の収益率が2.5パーセントということは、年間に直すと12を掛けて30パーセントにものぼるからです（100万円ずつ毎月投資するということ。単利にあたる）。年間利子率が30パーセントもの預金（100万円預けたら1年後に30万円の利子がついて130万円になる預金）など世の中にはないですから、これがいかにオイシイ投資かわかるでしょう。

　しかし、早とちりしてはいけません。忘れてならないのは、これが**あくまで「平均」の値**だ、という点です。収益の平均値が2.5パーセントだとしても、毎月ぴったり2.5パーセントの収益が得られるわけではありません。現実の収益は、ここを基点にしてその前後に広がっているでしょう。現実の月次収益率を表にしたものが図表5-3です。

　1981年のデータを見ればわかる通り、現実の月次収益率はいろいろな値をとっています。むしろ平均値2.5パーセントあたりの数字は少ないくらいだともいえます。こういうとき、**データの実態をもう少し細かく捉える統計量**、それが**S.D.**だったことを思い出してください。

　図表5-4が、各年の月次収益率のS.D.を一覧にしたものです。

　ご覧になってわかると思いますが、どの年も月次収益率の平均に対して、S.D.はとても大きなものになっています。

　たとえば、1981年などは、収益率

図表5-3　株の月次収益率

	1980	1981	1982	1983	1984
1月	9.2	2.8	−0.6	−2.8	0
2月	2.3	−1.4	−11.8	9.3	−5.7
3月	−6.5	17.6	3.5	11.4	10.6
4月	9	17.8	1.9	3	−0.6
5月	5.3	5.5	−5.5	−7.5	−11.2
6月	−4.3	−1.9	−9.1	2.5	−3.8
7月	−3.7	1.9	−5.7	−0.6	−5.2
8月	7	9	2.3	1.8	6.2
9月	7.6	−10.3	−4.9	5.1	−4.2
10月	1.4	−10.3		−2.3	2.1
11月	−3.4	−7.7	8	−6	0.6
12月	0.7	6.5	6.7	10.6	4.7

図表5-4　株の月次収益率のS.D.（標準偏差）

年	1980	1981	1982	1983	1984	平均
月次収益率	2.05	2.46	−1.33	2.04	−0.54	0.94
S.D.	5.35	9.11	5.91	5.98	5.71	6.74

> 1981年の場合 ……… 平均として約2.5%の収益をもたらす株＝おいしい株？
> →ただし−6.5%の損失を被ることもある

の平均が約2.5パーセントであるのに対して、そのS.D.は約9パーセントにものぼります。

　前の講で、「S.D.1個分前後のデータが現れることは月並みに起きる」と説明しました。これを適用すれば、1981年の月次収益率は、2.5±9.0パーセントの範囲、つまり、（＋11.5）〜（−6.5）の範囲の収益率は普通に観測される、と考えるべきだとわかります。もっと端的にいえば、「平均として2.5パーセントの収益をもたらすこの株を買うとき、**6.5パーセントの損失を被っても不思議でないと覚悟すべし**」ということなのです。

5-3　ボラティリティが意味するところ

　図表5−5は、1981年の月次収益率を棒グラフにしたものです。
　青線が平均値を表していますが、当然のようにそこを起点にして上下にウェイブしています（サーファーのたとえを思い出しましょう）。

　このウェイブをおしなべてみた幅がS.D.です。グラフに、平均値から下にS.D.だけ下がった場所と、上に上がった場所に線を引いてみると、だいたいの棒がその範囲内に収まることが見てとれます。

　もちろん、これを下回ったり、上回ったりする棒もありますが、おおよそこの2本の線を想定すれば、株の収益率の変動をおおまかに捉えら

図表5-5　月次収益率の変動

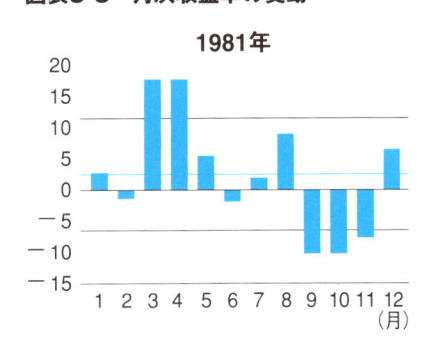

1981年

れるとわかるでしょう。
　このように、株取引にとっては、**収益率の平均値だけでなく、そのS.D.も重要である**ことがわかりました。だから、このS.D.には、特別な専門用語が割り当てられており、それを**ボラティリティ**（volatility）といいます。ボラティリティを日本語に訳せば「**予想変動率**」です。つまり、**平均値からどの程度の幅でブレが生じるか、それを意味する**言葉だといえます。
　つまり、株の収益率のS.D.＝ボラティリティは、**株取引のリスクの指標**だと考えることができます。なぜなら、収益としてその平均値を予定していても、そこからボラティリティの分だけ下回ることも十分想定しておかないといけないからです。**ボラティリティとは、リスクの指標**なのです。
　ここで、注意深い人なら、次のことに気がついたかもしれません。ボラティリティの9パーセントだけ平均値から下がる可能性もある、ということが、逆にいえば、9パーセントだけ上回る場合も同じようにある、という点です。その通り。**リスクの指標**としてボラティリティを用いるなら、それは**同時にチャンスの指標**でもあるのです。
　また、前講に説明したもう1つの見方を用いると、ボラティリティは次のような前向きな基準に使うことができます。「**ボラティリティが9パーセントということは、平均値から（S.D.×2＝）18パーセント以上下回ることは（もちろん上回ることも）あまり想定しなくていい**」ということです。
　以上のように、標準偏差は株取引という実務の世界でも非常に重要な指標なので、決して荒唐無稽なものではないわけです。

[第5講のまとめ]

①株取引の指標では、収益率の平均値だけではなく、標準偏差＝S.D.も大切である。
②株を購入するときは、収益率の平均値を、S.D.1個分程度下回る収益率になることは覚悟しておいたほうがいい。
③株を購入するときは、収益率の平均値を、S.D.2個分程度下回る収益率になることはあまり想定しなくてよい。
④株の収益率のS.D.を専門用語として、ボラティリティという。

[練習問題]

　1983年の日本の株投資の月次平均収益率は約2％、標準偏差は約6％であった。

①この年の投資は、月平均として、投資額の2％が期待できるが、その前後にS.D.1個分の変動は、平均として覚悟しなければならない。
　つまり、2％－（　　）％～2％＋（　　）％と計算し、
（　　）％～（　　）％の変動幅は、予定しておく必要がある。

②一般的には、S.D.2個分ずれることは、あまり想定しなくていい。
　つまり、月間収益率が2％＋（　　）×2＝（　　）％となることや、
2％－（　　）×2＝（　　）％となることは、めったにないと、想定していてよいわけである。

③株Aは、月次平均収益率が7％で、標準偏差は12％である。
　株Bは、月次平均収益率が4％で、標準偏差は3％である。
　このとき、株Aを買って1カ月保持したときの収益率は（　　）％～（　　）％と見積もることができ、株Bを買って1カ月保持したときの収益率は（　　）％～（　　）％と見積もることができる。
　したがって、元本割れ（投資金よりも少ない額しかお金が戻らないこと）を望まない投資者は株（　　）を購入すべきであり、その場合、好成績を収めたときの収益は、せいぜい（　　）％程度と覚悟すべきである。逆に元本割れを恐れない投資者は株（　　）を購入すべきであり、その場合、運がよければ（　　）％くらいの収益は十分見込める。

※解答は201ページ

第6講

標準偏差（S.D.）で
ハイリスク・ハイリターン
（シャープレシオ）も理解できる

6-1 ハイリスク・ハイリターンとローリスク・ローリターン

前講では、**株の収益率の標準偏差（S.D.）はボラティリティと呼ばれ、株取引の「リスク」を表す**ものであることを説明しました。それは、収益率のS.D.の大きな株は、平均からS.D.1個分だけ収益率が低まることが平気で起きるので、それを「危険性（リスク）」と認識すべきだ、というものでした。

そうなると気になるのは、「さまざまある資産運用の方法が、どの程度の収益率とどの程度のボラティリティを持っているか」ということです。

図表6-1は、野村総合研究所の調査によるアメリカのミューチャルファンドと呼ばれる資産運用の1988～1995年の実績です（安達智彦『投資信託の見わけ方』ちくま新書より）。一番下の2列に、収益率の平均値とS.D.が表記されています（年次データ）。ざっと眺めればわかるように、「**収益率の高い運用は、S.D.も大きい**」ということが見てとれるでしょう。

図表6-1　ある資産運用の実績

	株式ファンド（商品A）	債券ファンド（商品B）	MMMF（商品C）	1年物定期預金（商品D）
1988年	13.2	7.7	7.3	7.4
1989年	20.9	9.5	9	8.2
1990年	−6.9	3.7	8.1	7.9
1991年	35.6	17.2	5.9	7.1
1992年	8.9	7.9	3.3	4.2
1993年	12.5	10.3	2.6	3.3
1994年	−1.7	−3.7	3.8	3
1995年	31.1	15.6	5.4	4.9
リスク＝標準偏差（S.D.）	14.7	6.6	2.3	2.1
リターン＝収益率の平均値	14.2	8.5	5.7	5.8

このことは、図表6-2のように、横軸にS.D.を縦軸に収益率の平均値をとって、4つの実績を4つの点としてプロットしてみると、もっと明確になります。4点はおおよそ1つの直線上に乗っかっていて、その直線は右上がりになっています。つまり、**収益率の平均値（縦軸の値）が高いファンドは、S.D.（横軸の値）も大きい、すなわちリスクも大きい**、ということがはっきりわかります。逆に、**リスク（＝S.D.）を小さくしようとすると、収益の平均値も自動的に小さくならざるをえません**。

図表6-2　リスクとリターンは比例する

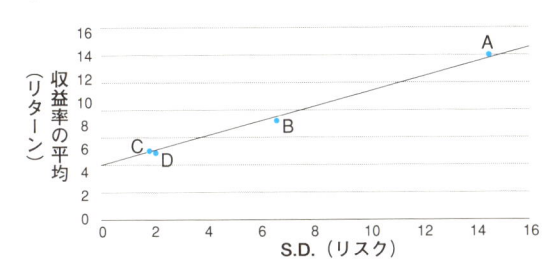

　この性質は、ミューチャルファンドだけでなく、あらゆる資産運用や投資に見られる傾向で、俗に「**ハイリスク・ハイリターン**」と呼ばれるものです。つまり、大きな収益を得るには、高い危険性を覚悟しなければいけない、逆に安全に収益を上げたいなら低い収益で我慢しなければならない、ということです。

6-2 金融商品の優劣の測り方

今説明したように、**ハイリスクとハイリターン**、あるいは、**ローリスクとローリターンはセットになったものであり、どちらのセットがどちらのセットに勝るとも劣るともいえません**。どちらのセットの金融商品に投資するかは、いわば投資家の「好み」の問題であり、商品自体の「品質」はある意味で同じといってもいいわけです。

つまり、図表6-3においてのA、B、C、Dの金融商品（図表6-1の金融商品を表す）およびこの4点と同一の直線上の点の表す金融商品は、**どれも優劣のないもの**と考えるべきなのです。

図表6-3　年次収益率の変動

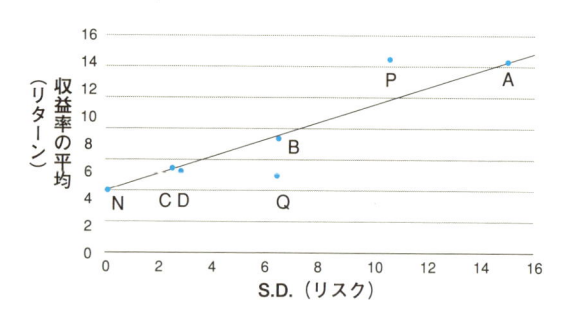

そこで、この4点の乗った直線を基準に、一般の金融商品のことを考えることにしましょう。たとえば、点Pのリターンとリスクを持った金融商品を考えてみましょう。これはAと同じリターンを持っているにもかかわらず、リスクはAのそれよりも小さくなっています。つまり「金融商品Aよりも優れた金融商品だ」と評価することができるでしょう。ということはもちろん、直線上のどの金融商品と比べても優れていることになります。

また、点Qのリスクとリターンを持つ金融商品を考えましょう。これは、金融商品Bとリスクは同じですが、リターンは低くなっています。つまり、QはBに劣る金融商品であることを表し、すわなち「直線上のすべての金融商品よりも劣る金融商品だ」ということになります。

以上を理解すれば、次のようなことが見抜けるでしょう。

つまり、「直線ＡＢＣＤより上部にあるような金融商品は直線上のどの金融商品よりも優れた金融商品であり、逆に下部にある金融商品は劣った金融商品である」。

6-3 金融商品の優劣を測る数値・シャープレシオ

　前節で図を使って、金融商品の優劣を測る方法を紹介しました。この方法を、図でなく１つの数値で代用することができればかなり便利です。それを編み出したのが、シャープという経済学者の提案した「**シャープレシオ**」（**SPM：シャープの評価測度**）というものです。**シャープレシオが大きいほど優良な金融商品**と評価されます。

　金融商品Xのシャープレシオは次のように計算されます。

　　（Xのシャープレシオ）＝｛（Xのリターン）－（国債の利回り）｝÷（Xのリスク）

　おおまかにいうと、シャープレシオは分数になっていて、分子がリターンの評価、分母がリスクの評価です。したがって、分子（リターン）が大きければ、シャープレシオは大きくなり、また、分母（リスク）が小さくなっても、シャープレシオは大きくなります。

図表6-4　シャープレシオが大きいほど、優良な金融商品

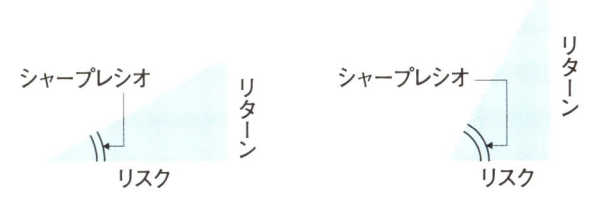

シャープレシオが大きい（＝角度が大きい）ほど、
リターンの大きい「パフォーマンスのよい金融商品」ということになる

　この式の意味をもう少し丁寧に考えましょう。まず、リターンから国債の利回りを引き算したものを基準にとるのは、国債というものが誰にでも入手可能な最も安全な有利子資産であるから、その利子率を上回る分こそが一般の金融資産の価値だと考えられるからです。

国債とは国の借入証のことで、国家は会社に比べて破産する可能性は著しく小さいので、**リスクの小さい金融資産**なのです。
　次にその国債の利子率を上回る分をリスク（＝S.D.）で割り算するのはどうしてでしょうか。それは、**同じリターンでもリスクの高い金融商品は、パフォーマンスの悪い商品**と判断されるからです。
　リスクで割り算すれば、リスクが２の場合収益は半分に割り引かれ、リスクが３の場合収益は３分の１に割り引かれる、という具合です。
　つまり「リターンが30でS.D.が３の金融商品は、S.D.１あたりに換算して30÷3＝10のリターンがあり、リターンが40でS.D.が５の金融商品は、S.D.１あたりに換算して40÷5＝8のリターンがある、だから前者のほうが優良」というように、**異なるリターンやリスクの商品を統一的に比較することができます**。
　シャープレシオが図表6－5でどういう意味を持っているかを見てみましょう。
　簡単化のため、今国債の利子率が4パーセントであるとしておきます。すると、図表6－5の点Nが国債を表していると考えられます。このとき、金融商品Aのシャープレシオは、「直線ＮＡの傾き」と一致します。（Aのリターン）－（国債の利回り）は、点Aと点Nとの縦方向での差、（Aのリスク）は、点Aと点Nとの横方向での差を表すので、シャープレシオは（縦方向の差）を（横方向の差）で割り算したものとなり、すなわちこれは直線ＮＡの傾きとなるからです（図表6－5）。
　同様に、金融商品B、C、Dのシャープレシオも直線ＮＡの傾きに一致します。つまり、前に「金融商品A、B、C、Dはどれも優劣がない」といったことが、ここでは「**シャープレシオが一致する**」ということに表れているわけです。
　一方、金融商品Pのシャープレシオは、全く同様な考え方で、直線ＮＰの傾きとなりますから、直線ＮＡの傾きと比較してわかるように、金融商品Pは金融商品A、B、C、Dに比べて、パフォーマンスのよい商品ということになります。逆に、金融商品Qは金融商品A、B、C、Dに比べてパフォーマンスの悪い商品というわけです。

図表6-5　投資の世界ではS.D.は重要かつ有効な数値

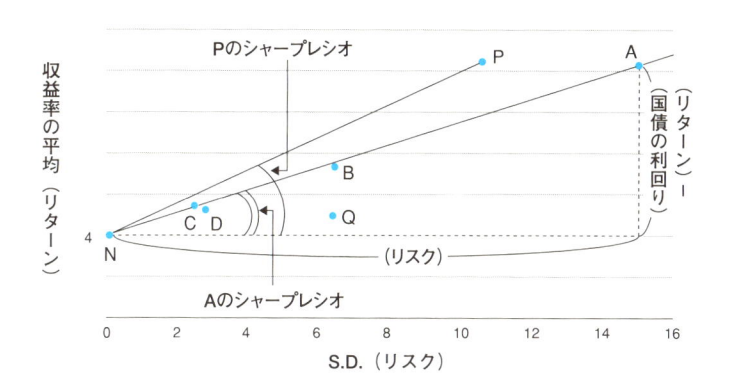

このように、**投資や資産運用の世界では、S.D.は非常に重要にして有効な数値である**ことを、理解していただけたのではないでしょうか。せっかくなので、大手生保会社の運用実績のシャープレシオを引用しておくことにしましょう（安達智彦『投資信託の見わけ方』ちくま新書より、1994年のデータ。国債利回りは3.4%）。

図表6-6　大手生保の運用実績（1994年）

	日生	第一	住友	明治	朝日	三井	安田
平均	4	4.69	4.62	4.8	5.41	6.49	4.85
標準偏差（S.D.）	5.48	4.47	5.59	4.28	5.64	4.64	6.43
シャープレシオ	0.107	0.286	0.216	0.324	0.354	0.663	0.223
順位	7	4	6	3	2	1	5

[第6講のまとめ]

①投資においては、基本的にハイリスク・ハイリターンの商品か、ローリスク・ローリターンの商品かの選択になる。この商品の違いは、「**性質の違い**」であり、**優劣を意味するものではない**。

②**同じ平均収益率なら、S.D.が小さいほうが優良な金融商品**であり、**同じS.D.なら平均収益率が大きいほうが優良な金融商品**である、といえる。

③このような意味で、金融商品の優劣性を評価する基準に**シャープレシオ（SPM）**がある。

これは、

（Xのシャープレシオ）＝ {（Xのリターン）－（国債の利回り）} ÷（Xのリスク）

で計算される。シャープレシオが大きいほうが、**優良な金融商品**と考えられる。

[練習問題]
①運用実績が、平均収益率は5％、標準偏差は約4.5%である。国債の利回り3％とすると、
　シャープレシオ（SPM）＝（　　　　）　※小数点第2位まで
②シャープレシオが0.5の投資信託があったとしよう。標準偏差が5％で、国債の利回りが3％であるとしたら、この投資信託の平均収益率は（　　　　）％となる。

※解答は201ページ

第7講

身長、コイン投げなど最もよく見られる分布、正規分布

7-1 最もよく見かけるデータ分布

　これまでいくつかのデータセットをお見せしました。たとえば、女子大生の身長のデータとか、株の月次収益率のデータなどです。このようなデータセットは、それを生み出してくる「不確実性」の構造を反映したものだ、ということも前に説明しました。データを生み出すシステムが判で押したようにぴったり同じ数値が観測されるようなことは、世の中にはほとんどありません。大部分の現象は「不確実性」の構造を持っていて、出てくるデータはまちまちな値になるのが一般的です。

　このように「データがまちまちな数値をとる」そのあり方を「データの分布」と呼びました。そして、データの分布の特徴や癖を捉えるためのツールとして、平均値や標準偏差（S.D.）という統計量を解説しました。

　そこでこの節では、データの分布で**最も代表的なもの**を紹介することにしましょう。

　この分布は、自然や社会で観測されるデータセットたちに非常に頻繁に現れるものであり、しかもその分布の姿が数学的にきちっと記述されるものなのです。それは「**正規分布**」と呼ばれる分布です。実際、**人間や生物の身長のデータ**は正規分布の一例であることが知られ、**株の収益率のデータ**も、正規分布だと考える研究者が多いのです。このことを、順を追って見ていくこととしましょう。

　まず、正規分布の中で一番基礎となる「**標準正規分布**」について紹介します。

　標準正規分布のデータセットは、$-\infty$から$+\infty$までのすべての数値データ

からなります。

　ただし、その相対度数は数値によって異なり、多く現れるデータもあまり出てこないデータもあります。各数値の相対度数は図表7‐1のヒストグラムで与えられます。階級は0.1刻みで、高さは相対度数となっています。本当は、階級の幅が無限に小さく、グラフはもっとなめらかな曲線になり、相対度数はグラフの面積で表わされるのですが、その式は図表7‐2の数式のようなおぞましいものになります。数式アレルギーの人は発疹が出るといけないので、見なかったことにして先に進みましょう。

図表7-1　標準正規分布

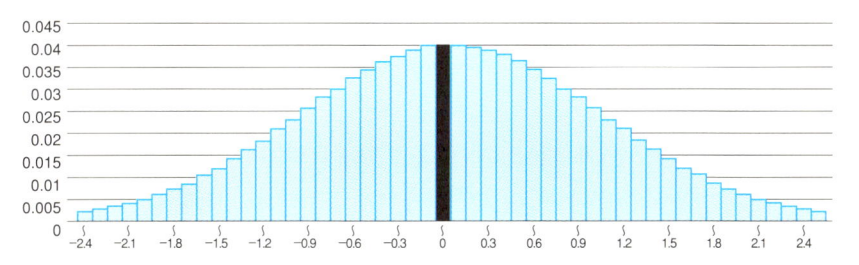

図表7-2　標準正規分布の数式

$$f_{(x)} = \frac{1}{\sqrt{2\pi}} e^{-\frac{1}{2}x^2}$$

　ここで読者のみなさんにいくつか弁解をしなくてはなりません。

　まず、データセットが無限個の数値からなるので、度数分布表やヒストグラムを作るのは現実には不可能です。どの階級にも無限個のデータが入

ってしまうからです。つまり、どの階級も度数は無限なのです。これでは使いものになりません。そこで上のヒストグラムは、ある意味で「ごまかし」によって作成されています。

つまり「度数」そのものは無視して、「相対度数」（データが全体に占めるパーセンテージ、第1講1−2）で棒グラフを作りました。だから縦軸の数値は0.×××という**0以上1未満の数値**になっているわけです。しかし、慎重な読者は、「無限の個数に対する相対度数って何だろう」と悩んでしまうでしょう。したがって、このグラフを眺めるとき、読者のみなさんにも自分自身をごまかしてもらわなくてはなりません。

標準正規分布のデータセットにはプラスでもマイナスでもどんな数値のデータも入っているのだけれど、そういう1個1個の数値という「無限に細かい精度」では考えずに、**たとえば、「0.1から0.2の間のデータは全体の何パーセントを占めるか」というように、「幅を持った区間」という粗さを持って扱う、というふうに理解してほしい**わけです。

そして、本当は全体のデータ数もこの区間に入るデータ数も無限個だが、「無限個に関しても比例を考えることは可能」だと信じてください。

たとえば、ここに1辺が2センチの正方形と1辺が4センチの正方形があるとしましょう。どちらの正方形にも無限個の点がびっしりと詰まっていますから、点の多さを比較することはできません。しかし、面積を測ると前者が4平方センチ、後者が16平方センチですから、後者のほうが前者より点の数が4倍多い、と理解してもさほどおかしくはないでしょう。

標準正規分布における各範囲のデータ数についても同じような理解をしていただけばいいのです（実際、無限個のデータを扱うときは、「面積」と同じ量を定義して行います）。つまり、本当はなめらかな曲線であるグラフを、細かい棒グラフの集まりで近似したのが図表7−1であり、各棒の高さはその範囲に入る無限個のデータの多さを表す「相対度数」と見なしてほしいわけです。たとえば、「0.1から0.2の間にあるデータの相対度数」は図表7−1のヒストグラムから約0.04程度だと読み取ることができます。

このようなアバウトな説明が我慢ならない、という読者のために念のためコメントしておくと、以上のことをきちんと一点の曇りもなく定式化する数学的手法が開発されています（面積についての議論を一般化した測度論とい

うものを利用します)。しかしこれは恐ろしく難解で、理解するには多くの時間と厳しい修行が必要です。本物の統計学者になるならこれを避けて通ることは許されませんが、一般読者のみなさんにはこのような無駄なエネルギーが要求される必然性はありません。どうしても気になって仕方がない方は、本書を読んだあとに、もう少し高度な教科書にチャレンジされることをおすすめし、先を急ぎましょう。

　さて、標準正規分布に戻ります。もう一度図表7－1のヒストグラムを眺め直してください。特徴的な山形をしているのが見てとれるでしょう。この形は「つり鐘形」とか「かぶと形」と呼ばれます。

　重要なのは、0の近辺にデータが集中し（ヒストグラムが盛り上がり）、＋2を上回ったり－2を下回ったりするとデータ数が急激に少なくなる（ヒストグラムの高さが急激に低くなる）、という点です。これらのことは、平均値と標準偏差（S.D.）からも次のように裏づけられます。

標準正規分布の性質その1　平均値＝0　S.D.＝1

　平均値が0であることは、グラフが0を中心に左右対称であることから簡単に理解できます。この分布が「標準」正規分布と呼ばれるのは、この「平均が0」「S.D.が1」という基準数値からくるわけです。

　他の一般的な分布の中にも、もちろん、「平均が0」「S.D.が1」となるものが無数にあります。しかし、標準正規分布の場合は、分布を表す式（図表7－2）がはっきりしているので、図表7－1のようにどのような区間を指定してもそこにデータが入る相対度数がはっきり決まっています。それは、「正規分布表」から読み取ることができますが、ここではその中で非常に有用なものだけ紹介しましょう。

標準正規分布の性質その2

　（＋1）～（－1）の範囲のデータ（平均からS.D.1個以内の範囲のデータ）の相対度数は0.6826（＝70パーセント弱）
　（＋2）～（－2）の範囲のデータ（平均からS.D.2個以内の範囲のデータ）の相対度数は0.9544（＝95パーセント強）

これらの相対度数は、今後正規分布を利用する上で、最もよく用いられるものなので、記憶にとどめる価値があります。

図表7-3を見てください。この性質をヒストグラムの上で見るとこうなります。つまり **+1と−1の間の棒グラフの高さの合計は、棒グラフ全体のうちの約68パーセントを占めている** ということです。

図表7-3
標準正規分布では、S.D.2個の範囲にほとんどのデータが入ってしまう

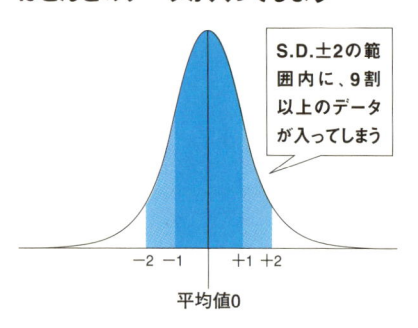

S.D.±2の範囲内に、9割以上のデータが入ってしまう

平均値0

とりわけ2番目の性質が表している「**標準正規分布では、S.D.2個の範囲内にほとんどのデータが入ってしまう**」ということは重要で、データを判断する上での目安になります。

7-2 一般の正規分布の眺め方

続いて一般の正規分布について解説しましょう。一般の正規分布のデータセットは、単に**標準正規分布のすべてのデータに一定数を掛けて、そのあと一定数を加える**ことで得られます。掛ける一定数を σ （ギリシャ文字でシグマと読む）、加える一定数を μ （ギリシャ文字でミューと読む）と書けば、

 (一般の正規分布のデータ) ＝ σ ×(標準正規分布のデータ) ＋ μ

という計算で得られることになるわけです。

このようなデータの加工で、ヒストグラムや平均値や標準偏差がどう変化するかは、第4講のまとめ④の公式を利用すればすぐにわかります。

標準正規分布の平均値は0でS.D.は1ですから、その全データに σ を掛け算してデータを加工すれば、できたデータの平均値は（$0 \times \sigma$ から）0のまま、S.D.は（$1 \times \sigma$ で）σ になります。さらに全データに μ を加えると、できたデータの平均値は（$0 + \mu$ で）μ となり、S.D.は σ のままです。まとめると、

一般正規分布の性質その1
 σ ×(標準正規分布のデータ) ＋ μ で作られるデータについて、

平均値＝μ　S.D.＝σ

ここで具体的に、σ＝3でμ＝4としてみましょう。標準正規分布のデータでは、先ほど説明したように、「＋1と－1の間のデータの相対度数はおおよそ68パーセント」となっています。これはヒストグラムでいうと、つり鐘形のグラフの＋1と－1の間の棒グラフは「全体のうちの68パーセントを占めている」という意味でした。

したがって、この標準正規分布のデータに3を掛けると、「＋3と－3の間のデータの相対度数はおおよそ68パーセント」ということになり、さらに4を加えれば、「＋7と＋1の間のデータの相対度数はおおよそ68パーセント」ということになります。

このことを考えると、ヒストグラムは、左右に3倍に広がってさらに右方

図表7-4　標準正規分布から一般正規分布へ

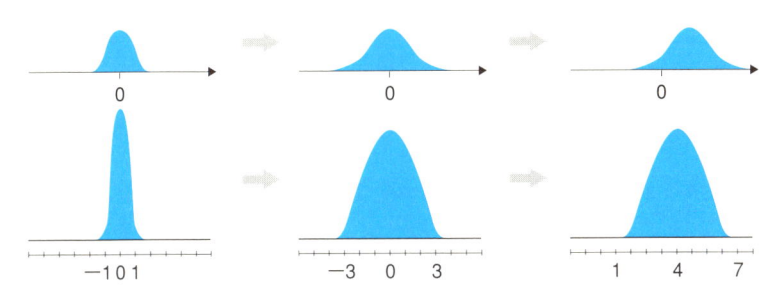

向に4だけ移動する、ということがわかります（図表7－4参照）。

以上のことを理解すれば、前項で解説した「標準正規分布の性質」は、すぐさま次のように「σ倍してμを加えてできる一般正規分布の性質」に置き換えられるとわかるでしょう。

一般正規分布の性質その2

（μ＋1×σ）〜（μ－1×σ）の範囲のデータ（平均からS.D.1個以内の範囲のデータ）の相対度数は0.6826（＝70パーセント弱）

（μ＋2σ）〜（μ－2σ）の範囲のデータ（平均からS.D.2個以内の範囲のデータ）の相対度数は0.9544（＝95パーセント強）

これは47ページの解説に、根拠を与えるものです。
　また以上のことを裏返しに見ると、次のように、一般正規分布を逆に標準正規分布のデータに加工することができます。

一般正規分布を標準正規分布に直す公式
　データxが平均値がμ、S.D.がσの一般正規分布のデータであるとき、
　　$z = (x - \mu) \div \sigma$
　という加工をすると、データzは標準正規分布のデータになる。

　これは便利な公式であるばかりでなく、今まで解説した「データの見方」と整合的であることを見抜かなくてはいけません（第4講4－4でも同じことを解説しましたので、読み直してみてください）。
　つまり、$z = (x - \mu) \div \sigma$は、{(データ)－(平均)}÷(標準偏差) という意味の計算ですから、zは「平均値からS.D.いくつ分離れている」ということを評価する数値だというわけです。今まで何度もこの見方が重要であることを力説してきましたが、それは「一般正規分布」の上では数学的に大きな意味を持っていることが確認していただけるでしょう。
　これまでのことから、次の非常に重要な事実もわかります。
　正規分布は、平均値μと標準偏差σを与えると一種類に決まる。

7-3　身長のデータは正規分布している

　この講の最初に、身長が正規分布の一種である、ということを述べました。そのことが本当であることを、前項の公式の応用として確かめてみましょう。
　まず、第1講で使った80人の女子大生の身長のデータから作った度数分布表を再度取り出してみましょう（図表7－5参照）。

図表7-5
女子大生80人の身長の「度数分布表」

階級	階級値	度数	相対度数	累積度数
141～145	143	1	0.0125	1
146～150	148	6	0.075	7
151～155	153	19	0.2375	26
156～160	158	30	0.375	56
161～165	163	18	0.225	74
166～170	168	6	0.075	80

この度数分布表から計算した平均値は157.75センチ、S.D.は5.4となります。

飛び飛びの5つの数字の集まりだった階級を、140〜145、145〜150、150〜155…とすき間がないように改め、平均値を引きS.D.で割ります（z）。このようにすれば標準正規分布するデータの中のどのようなデータと対応するのかが求まります。そしてそれらの「標準正規分布としての相対度数」を表計算ソフトを使って求めたものが、図表7−6です。

図表7-6　身長は、本当に標準正規分布になっているか

階級を、標準正規分布に直した値（z）			実際の相対度数	正規分布とみなしたときの相対度数
−3.287	〜	−2.361	0.0125	0.0086
−2.361	〜	−1.435	0.075	0.0665
−1.435	〜	−0.509	0.2375	0.2297
−0.509	〜	0.417	0.375	0.3563
0.417	〜	1.343	0.225	0.2488
1.343	〜	2.269	0.075	0.0781

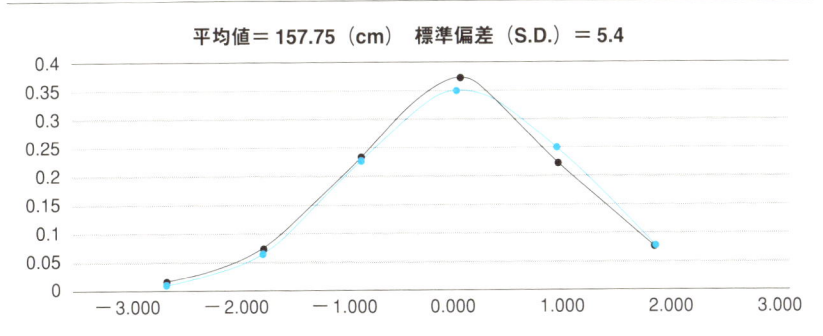

平均値 = 157.75（cm）　標準偏差（S.D.）= 5.4

実際の相対度数と、標準正規分布だとしたときの相対度数を比べてみてください。かなりいい精度で合致していることが見てとれるでしょう。

ほかにも、正規分布に近い分布があります。それは、コインをN枚投げたときに出る表の枚数をデータとしたとき、その分布がそうなります（詳しくは79ページ［補足］参照）。

具体的には、図表7−7を見てみてください。ここには実はコイン投げのグラフとある一般正規分布のグラフが一緒に描いてあるのですが、全くといっていいほどズレがなくぴったり重なってしまっています。

図表7-7　コインを18枚投げて表がk枚出る相対度数（数学的に計算したもの）

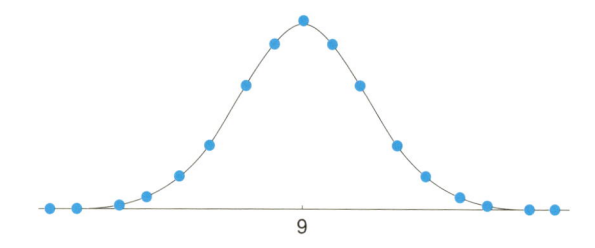

[分布図：横軸の中央に9、正規分布状の点と曲線]

コイン投げについては、次の法則が知られています。

コイン投げの正規分布近似

コインをN枚同時に投げて（あるいはN回続けて投げて）、そのうち何枚が表になったかをデータとして記録する。この作業を膨大に実行して、表の枚数Xの出た相対度数のヒストグラムを作ると、それは近似的に、

$$\text{平均値が } \frac{N}{2} \text{、S.D.が } \frac{\sqrt{N}}{2} \text{ の正規分布}$$

になる。

[第7講のまとめ]

①**正規分布**は自然や社会に**最もよく見られる分布**である。たとえば、**身長**のデータや**コイン投げ**で表の出る枚数のデータなどに見られる。

②**標準正規分布は、平均値＝0でS.D.＝1**である。

③標準正規分布においては、

（＋1）〜（−1）の範囲のデータ（**平均からS.D.1個以内の範囲のデータ**）の相対度数は0.6826（＝**70パーセント弱**）

（＋2）〜（−2）の範囲のデータ（**平均からS.D.2個以内の範囲のデータ**）の相対度数は0.9544（＝**95パーセント強**）

となる。

④**一般正規分布**のデータは、$\sigma \times$（標準正規分布のデータ）$+ \mu$ で得られ、

平均値＝μでS.D.＝σである。

⑤平均値がμでS.D.がσの正規分布を標準正規分布に戻すには、

$$z = (x - \mu) \div \sigma$$

という式に当てはめればいい。

⑥平均値がμでS.D.がσの正規分布においては、

（$\mu + 1 \times \sigma$）〜（$\mu - 1 \times \sigma$）の範囲のデータ（**平均からS.D.1個以内の範囲のデータ**）の相対度数は0.6826（＝**70パーセント弱**）

（$\mu + 2\sigma$）〜（$\mu - 2\sigma$）の範囲のデータ（**平均からS.D.2個以内の範囲のデータ**）の相対度数は0.9544（＝**95パーセント強**）

[練習問題]

①昔のセンター試験の成績は1000点満点で、おおよそ平均600点、S.D.100点の正規分布になっているという。

このとき、95.44%のデータをカバーする範囲は、

(　　　) − (　　　) × 2 〜 (　　　) + (　　　) × 2

であるから、

(　　　) 〜 (　　　)

の範囲となる。

②100枚のコインを同時に投げたときに出る表の枚数をデータ集計すると、平均50枚、S.D.5枚の正規分布になっているという。

このとき、95.44%のデータをカバーする範囲は、

(　　　) − (　　　) × 2 〜 (　　　) + (　　　) × 2

であるから、

(　　　) 〜 (　　　)

の範囲となる。

※解答は201ページ

［補足］世の中が正規分布でいっぱいなわけ

　第7講では、最もよく観測される分布が正規分布である、と説明しました。これはどういうことでしょうか。

　不確実現象を、「確率」という考え方を使って解明していく作業は、17世紀頃の数学者によって始められました。その数学的な研究の中で、「不確実に数値が出現する現象を1つ固定し、出現する数値をn回分集めて平均してデータを作る。この作業を繰り返して、(n回の平均)データのヒストグラムを作ると、もとにあるのがどのような不確実現象であるにせよ、nが大きくなるにしたがって、どうもある一定のグラフに近づいていくように見える」。そういうことがわかり始めました。その「一定のグラフ」というのが、まさに「正規分布」だったわけです。

　歴史的な事例としては、第7講でもヒストグラムをお見せした「コイン投げ」がかなり早い段階で解析されていました。

　コイン投げで表が出たら1点、裏が出たら0点とし、n回試行したすえに獲得した点数をnで割って平均値をとります。これをデータとして記録するなら、これは「n枚のコインをいっぺんに投げて出た表の枚数をnで割ったもの」と同じデータと見なせます。このデータの相対度数からヒストグラムを作るのですが、実際に実行するのではなく、数学的な確率を計算してそれを相対度数とするわけです。図表7－7のヒストグラムはその1つの例です。

　数学者たちは、このコイン投げの数学的な確率によるヒストグラムが、nが十分大きいとき、正規分布に近づくことを証明しました（この証明に興味がある人は拙著『マンガでわかる微分積分』（オーム社）をご覧ください）。

　その後の数学者の努力により、もとの不確実現象がコイン投げ以外のいろいろな現象について、同じ事実が成り立つことが突き止められました。そして20世紀のはじめに、コルモゴロフという数学者によって、遂に一般的にこの法則が証明されたのです。これは「中心極限定理」と呼ばれています。

　私たちが、現実に観測する不確実現象、たとえば生物の身長が決まる現象や株価が決まる現象は、たくさんの単純な不確実現象を複合的に重ね合わせたものだと想像されます。だとすれば「**中心極限定理が作用して、そこに正規分布が現れる**」と解釈しても、そんなに大きな間違いではないでしょう。

第8講

統計的推定の出発点、正規分布を使って「予言」する

8-1 正規分布の知識を使えば、「予言」が可能

　第7講やそのコラムで「私たちの日常に観測されるデータには正規分布が多い」ということを解説しました。そうすると、こういう予感がしてきます。「もしも注目している不確実現象が正規分布だと見なせるなら、正規分布の性質を利用して、なんらかの予言が可能になるのではないだろうか」。

　そう、**この予感は全く正しいのです**。そして、これこそが「**統計的推定**」**の出発点**となる発想なのです。

　まず、私たちが注目している不確実現象が「標準正規分布」だとわかっている場合を考えてみましょう。そして、次に発生してくるデータを「予言」したいとしましょう。私たちの持っている知識は、「次にどんなデータが発生してくるかはわからないけれど、その相対度数は標準正規分布のものである」ということです。このとき、私たちはどんな数値を予言すればいいのでしょうか。これを考えるために、もう一度、標準正規分布のヒストグラム（図表8-1）を見てみましょう。

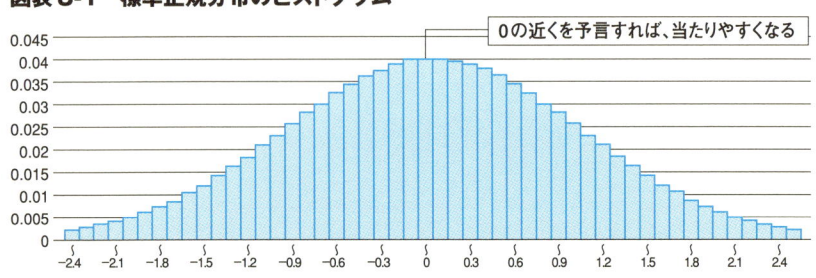

図表8-1　標準正規分布のヒストグラム

[0の近くを予言すれば、当たりやすくなる]

予言を当てるには、当然、「出現する可能性の大きい」数値をいうのが正しい戦略となります。ヒストグラムの棒の高さは、データの現れる相対度数を表しています。これは出現する可能性の大きさを表していると考えることができます。見てわかる通り、棒の高さが高いのは「0の近く」です。ですから、「**0の近く」を予言するのが「当たりやすく」するのによい戦略**だといえます。

　とはいっても、「1つの数字」を予言しても当たるはずがないのは当然です。なぜなら、前に解説したように、標準正規分布ではどんな数値もデータとして出現可能であるため、当たる確率は「無限分の1」＝0となってしまいます。だから、予言には幅を持たせて「○以上○以下」というふうに予言するべきです。

　そこでたとえば「0以上0.1以下の数値」と予言したらどうなるでしょうか。

　ヒストグラムを見ればわかるように、この区間のデータの相対度数は約0.04です。つまり、標準正規分布するデータの約4パーセントはこの区間の数値だということになりますから、「0以上0.1以下の数値」と予言すると、当たる確率は4パーセントだといっていいです。しかし、これは「予言」の精度としてはひどく低いですね。ほとんどはずれてしまいます。

　では、「予言」の精度を満足できるところまで上げるには、どの区間をいえばいいでしょうか。

　このとき、前講で解説した「標準正規分布の性質その2」が役に立ちます。これによれば、「−1から＋1までの範囲のデータの相対度数は約68.26パーセント」です。つまり、予言する区間を「−1以上＋1以下の数値」としておけば、**約68.26パーセントの確率でこの予言は当たる**ことになります。これは、けっこう精度のよい予言だといえるでしょう。

8-2 標準正規分布の95パーセント予言的中区間

　前項では、標準正規分布するデータセットの中の１つの数値を観測する前に、その数値を予言するとしたら、「０以上0.1以下の数値」とすると的中確率は約４パーセント、「－１以上＋１以下の数値」とすると的中確率は約68.26パーセントであるとわかりました。それでは、私たちは、どの程度の「的中確率」を目指して、どの区間を予言するのがよいのでしょうか。

　まず、ヒストグラムを眺めれば明らかなように、**的中確率を大きくしたいなら区間を広げなければなりません**。思いっきり広げて「－∞以上＋∞以下の数値」と予言すれば、これは（ヒストグラム全体を含むので）さすがに100パーセント的中しますが、そうはいっても、これは当たり前すぎて何の役にも立たないばかばかしい予言だ、といわれてしまうでしょう。

　だから、有限の範囲で予言しなくてはいけないのですが、こうすると（ヒストグラムの一部を切り捨てることになるので）何パーセントの確率かではずれることを覚悟しなければなりません。問題は、どこまではずれることを許容するか、ということになります。この「的中確率」は、一般には統計を使う人の都合に応じて設定されます。

　汎用されているのは、「**95パーセント的中**」あるいは「**99パーセント的中**」の範囲です。本書の解説では、世の中で最もよく用いられる、という理由から「95パーセント的中」のほうを例にとることとします。「**95パーセント的中**」の範囲を選ぶということは、逆に見れば、「**5パーセントは予言をはずす**」**覚悟をする**ことになります。

　なお、人は発生確率が５パーセントを下回る現象（たとえば、コイン投げで続けて５回裏が出るなど）に対して、「珍しい」とか「普通じゃない」とか「変なことが起きている」などという印象を持つようです。つまり、５パーセントの確率で起こる偶然によって予言がはずれても、それは「めったにないおかしなことが起きたから仕方ない」と納得できる数値、ということなのです。

　前の講で、「－２以上＋２以下の数値」の相対度数は約95.44パーセントだという法則を解説しました。ですから、予言にこの範囲を使ってもいいのですが、統計学では、的中確率をできるだけ95パーセントぴったりにとろうと

します。したがって、余分な0.44の分を取り除くため、区間を若干狭めて「−1.96以上＋1.96以下」という範囲を「95パーセント的中」の予言区間ととるのが約束ごととなっています（本当はこれでもぴったり95パーセントにはならないのですが、統計学では**「約」をつけず1.96ぴったりを採用する**ならわしです）。法則として書きとめておきましょう。

標準正規分布の95パーセント予言的中区間
標準正規分布の95パーセント予言的中区間は、−1.96以上＋1.96以下

この「95パーセント予言的中区間」について、私たちは何を思えばいいでしょうか。まず、これは「見ようによっては、なかなか大胆な予言だ」と評価できそうです。なぜなら、標準正規分布では、−∞から＋∞までのどんな数でも原理的には出現できるわけですから、「−1.96以上＋1.96以下」というほんのわずかな区間しか予言しない、というのはとても大胆に見えることです。

あなたがこの予言をほとんど的中させる様子を、正規分布の知識がない人が見たら、あなたのことを超能力者だと思い込むに違いありません。しかし次に認識すべきことは、「この予言法は5パーセントはずすリスクを覚悟している」ということです。

科学法則というものを、「絶対にそうなる事実」だと理解している人はこのことに戸惑うかもしれません。統計学の方法論というのは、これまでの科学法則（たとえば、「地球上の物体は放っておけば地面に向かって落下する」のようなもの）とは少し違った形式をとっています。それはつまり、**「はじめから100パーセント当てることをあきらめている」**という意味です。95パーセント予言的中区間の考え方は、5パーセントはずれるという**「いい加減さ」を許容することで、かなり狭い区間の予言を可能にする**のだ、と理解すべきなのです。

ここで慎重な読者なら、「相対度数が95パーセントになる区間はほかにもいろいろあるんじゃないの？」と疑問を持たれることでしょう。まったくおっしゃる通りです。たとえば、少しずらして「−2.1以上＋1.86以下」としても相対度数は95パーセントとなります。しかし、こうすると予言の精度が低

まることも、勘がいい読者なら見抜いてくださることでしょう。

なぜなら、「−1.96以上＋1.96以下」の区間の長さは3.92で、「−2.1以上＋1.86以下」の区間の長さは3.96だから、後者のほうがより「長い範囲」を予言していることになっています。予言の精度から考えると、**予言する区間は短ければ短いほどいい**はずでしょう。実際、その予言をもとに何かの備えをするなら、予言の範囲が狭いほうがより的確で効率的な準備が可能になるからです。ヒストグラムが左右対称で、対称軸に近いほど頻度が高いことを考えれば、**同じ予言的中確率の区間の中で最も短い区間を選び出すには、「左右対称の区間」を選択すべき**だ、ということに気がつくはずです。

図表8-2　予言する区間は短いほうがいい

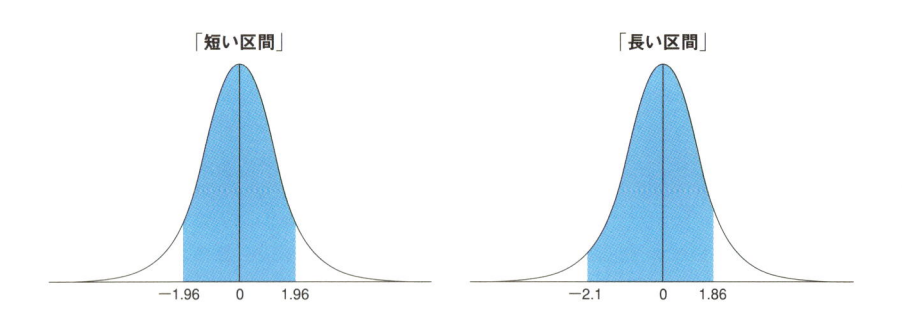

8-3　一般正規分布の95パーセント予言的中区間

引き続いて、注目しているデータが一般の正規分布に従っている場合の、「観測されるデータを95パーセント的中させる予言」の作り方について解説します。これは、一般正規分布と標準正規分布がどういう関係にあるかを思い出していただければ、非常に簡単です。

前講で解説しましたように、一般の正規分布のデータは、

（一般の正規分布のデータ）＝ σ ×(標準正規分布のデータ)＋ μ

のように、標準正規分布のデータに一定値 σ を掛け算し一定値 μ を加えることで得られ、しかも平均値が μ、S.D.が σ になるのでした。したがって、95パーセント予言的中区間も、標準正規分布のもの「−1.96以上＋1.96以下」

の両端の数にσを掛け算して、μを加えればできあがります。すなわち、

一般正規分布の95パーセント予言的中区間
　平均値が μ でS.D.が σ の正規分布の95パーセント予言的中区間は、
（$\mu-1.96\sigma$）以上（$\mu+1.96\sigma$）以下

というわけです。これは標準正規分布を一般正規分布に加工する公式を利用して作ったのですが、逆に一般正規分布を標準正規分布に加工する公式もありました。以下のようなものです。

一般正規分布を標準正規分布に直す公式
　データ x が平均値が μ でS.D.が σ の一般正規分布のデータであるとき、
　　$z = （x-\mu）\div \sigma$
という加工をすると、データ z は標準正規分布のデータになる。

　これを利用して、95パーセント予言的中区間を表現してみましょう。この場合、「不等式表示」になってしまって煩わしいですが、これものちに頻繁に出てくる重要公式なので覚えてしまいましょう。

一般正規分布の95パーセント予言的中区間：不等式表示
　データ x が、平均値が μ でS.D.が σ の正規分布に従う場合の95パーセント予言的中区間は、不等式

$$-1.96 \leq \frac{x-\mu}{\sigma} \leq +1.96$$

を解いて得られる範囲である。

　要するに、「平均値からS.D.いくつ分ずれている」という単位で見たとき、「±1.96個分以内のズレであるような範囲を予言すればいい」ということです。これは、S.D.について何度も解説してきた見方の正当化になる法則だといえます。
　本講では1つだけ、これらの法則の応用例をやってみましょう。

前講で解説しましたように、「N枚のコイン投げで出る表の枚数」は近似的に「平均値が$\frac{N}{2}$でS.D.が$\frac{\sqrt{N}}{2}$の一般正規分布」になります。たとえば、「100枚のコインを同時に投げたとき出る表の枚数」を多数回繰り返し観測して相対度数のヒストグラムを作成すると、

「平均値が$\frac{100}{2}=50$でS.D.が$\frac{\sqrt{100}}{2}=5$の一般正規分布」のヒストグラム

とほとんどそっくりのものができることが知られています。

さて、あなたが今から100枚のコインを同時に投げるとして、出る表の枚数を予言するとき、「95パーセント予言的中」になる範囲を作ってみることにしましょう。

先ほど紹介した法則より、「($\mu-1.96\sigma$) 以上（$\mu+1.96\sigma$) 以下」を予言すればいいわけですから、$\mu=50, \sigma=5$を代入すればよく、

「($50-1.96\times5$) 以上 ($50+1.96\times5$) 以下」＝「**40.2以上59.8以下**」

が95パーセント予言的中範囲となります。つまり、「**40枚から60枚が表になる**」と予言しておけば、おおよそこの予言は当たります。

ここで「おおよそ」というのは、（十分多い）M回予言すればそのうち5パーセントの回数（M×0.05回）は予言をはずす、ということであり、あるいはM人の人がこの予言を行えば、そのうち5パーセントの人（M×0.05人）は予言をはずす、という意味です。

最後に、「不等式表示」のほうで同じ計算をしてみましょう。不等式

$$-1.96 \leq \frac{x-\mu}{\sigma} \leq +1.96$$

μに50、σに5を代入すると、

$$-1.96 \leq \frac{x-50}{5} \leq +1.96$$

3辺を5倍すると、

$$-1.96\times5 \leq \frac{x-50}{5}\times5 \leq +1.96\times5$$

$$-9.8 \leq x-50 \leq +9.8$$

3 辺に50を加えると、
 −9.8＋50≦x−50＋50≦＋9.8＋50
 40.2≦x≦59.8

これが、先ほどの計算と同じ結果（40枚から60枚が表になる）であることを確認してください。

[第8講のまとめ]

> ①標準正規分布の95パーセント予言的中区間は、−1.96以上＋1.96以下である。
> ②平均値がμでS.D.がσの正規分布の95パーセント予言的中区間は、$(\mu - 1.96\sigma)$以上$(\mu + 1.96\sigma)$以下である。
> ③データxが、平均値がμ、S.D.がσの一般正規分布のデータであるとき、$z = (x - \mu) \div \sigma$という計算をすると、データzは標準正規分布のデータになる。
> ④データxが、平均値がμ、S.D.がσの正規分布に従う場合の95パーセント予言的中区間は、不等式$-1.96 \leq \frac{x - \mu}{\sigma} \leq +1.96$を解いて得られる範囲である。

[練習問題]

日本人の成人女性の身長の平均値は約160センチ、S.D.は約10センチの正規分布だと知られている。このとき、あなたが明日会う成人女性の身長を予言しておきたいとしたら、それを95パーセント当てるためには、どの範囲を予言したらいいだろうか。

不等式

$$-1.96 \leq \frac{x - ()}{()} \leq +1.96$$

を解いて、

（　　　）センチ以上（　　　）センチ以下と予言すればよい。

※解答は201ページ

column
予言を確実に当てる占い師のテクニック

　筆者が昔観た映画の中で、初対面の女性に「君は暗い目をしている。何か悩み事を抱えていますね」といって女性の意表を突き、それで信用させて接近する手口を使う登場人物がいました。そして、物語の途中で主人公は「たいていの女性は悩みを抱えているから、こういえば反応するものなんだ」というような種明かしをしました。

　筆者が聞くところでは、多くの占い師はこのテクニックを心得ているようです。そもそも占い師に相談に来る人は悩み事を抱えているわけだから、「悩み事がありますね」といえば確実に当たるわけです。さらに、服装や装飾品や手の荒れ方などからその人の経済状態を見抜くことができるので、経験豊富な占い師は相談者にはあたかも100パーセント当たる予言者のように見えてしまうわけでしょう。

　本講では、統計学が標準正規分布のデータを100パーセントの確率で当てるには、$-\infty$から$+\infty$という「全範囲」を予言せざるをえず、それではナンセンスだから5パーセントのリスクを冒して、範囲を**-1.96から$+1.96$までに絞り込む**と説明しました。占い師の場合はどうでしょうか。

　思うに占い師の場合は、お客が人間なので、予言が当たらないなら、のらりくらりと話を変更しながら、探りを入れていくことが可能でしょう。占い師にとって重要なのは、「いかに本当に予言が当たるか」ということではなく、**「いかにお客が『予言が当たった』と信じるか」**だからです。

第9講

1つのデータから母集団を推理する
―― 仮説検定の考え方

9-1 統計的推定とは、部分から全体を推理すること

　第8講までで準備が整いましたので、いよいよ「統計的推定」の解説に突入することにしましょう。本書では、ここまで最速でくることを目標としていたわけです。

　私たちが、何かのデータを目にするとき、その背後には膨大なデータがあって、「その中の1つを観測しているのだ」と考えるのは自然のことです。

　たとえば、工場で生産された製品の中に1個不良品を見つけた場合、「これまで生産された全商品の中にある割合で混入している不良品の1つを観測している」と考えます。また、体長が10センチぐらいのアゲハチョウを目撃した場合、「いろいろな体長を持ったアゲハチョウの中の1匹の体長を観測したのだ」と見なすのが当然でしょう。

　つまり、私たちは日常、**膨大なデータセットの中のわずか数個のデータを観測している**、そう理解するところから出発します。

　そう理解すると、次に考えたくなるのは、「**いくつかのデータを現実に観測したことから、その背後に広がる膨大な全データについて、何かを推測できないか**」ということでしょう。このように「部分から全体を推測する」ということが統計学の醍醐味だといえます（98ページ**コラム**参照）。

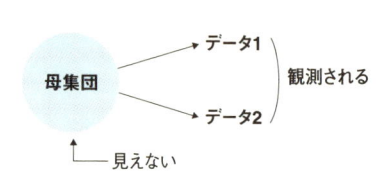

　背後に広がっている全データのことを、統計学では「**母集団**」と呼びます。つまり、統計的推定の仕事は、

**図表9-1
観測されたデータから母集団を推理する**

「**観測されたデータから母集団について推理する**」ことだと、まとめることができます（図表9-1参照）。

　最も典型的な例は、「**選挙の出口調査**」です。出口調査というのは、選挙のときに投票所の前でマスコミなどの人が投票者から、「誰に投票したか」「どの党に投票したか」等々を調査するもので、新聞社やテレビ局は、その結果を利用して**選挙の結果の予測を作る**わけです。読者のみなさんも選挙のときに、開票が始まり、まだ開票率が数パーセントにすぎない段階で、「当選確実」の結果が出たりするのを不思議に思った経験があるでしょう。これこそが統計的推定の技術の結晶だといえます。

　選挙の場合の母集団というのは、投票者すべての投票結果です。観測されるデータは、「出口調査で聞き出した投票結果」で、母集団である全投票者数に比較すると微々たる数にすぎません。選挙というのは「数時間の間に全データが明らかになる」という意味で、統計学的には非常に貴重なケーススタディです。ほんの数少ない例外を除けば、**出口調査による予測と選挙の実際の結果が高い精度で一致する**のをみなさんもご存じのことと思います。

　よくよく考えると、選挙では1日もすれば母集団が明らかになるのだから、何も統計的推定などする必要がないともいえますから、これは単なるマスコミによる「選挙のショーアップ」といってもいいかもしれません。しかし、選挙以外のほとんどの不確実現象においては、背後にある母集団をすべて観測できることはほとんどありません。したがって、観測できたデータから母集団について何かの知識を獲得できることは、私たちの生活にとって非常に貴重なことだといえるでしょう。

9-2 もっともらしい母集団を推定する

それでは、統計的推定の代表的なものである「検定」について、その考え方の根本にある発想を解説することにしましょう。

例として次のような問題を扱ってみます。

例題1（住宅販売会社の社員の立場で考えよう）

ある新築住宅物件の販売情報を新聞の折り込みで広告したとする。

すると10人の見学希望者から電話で問い合わせがあった。住宅見学希望者は確率2分の1で事前に電話問い合わせしてくると経験的に知っている。

さて、今回の住宅見学者数を次のように想定するのが妥当かどうかを、それぞれについて判断せよ。

①16人 ②36人

このような問題は、日常的に多かれ少なかれ遭遇するものです。あなたがこの社員の立場になってみれば、住宅見学者の人数を事前に推定しておくことは大変重要な仕事だとわかるでしょう。説明人員を何人配置するか、スリッパやお茶をどの程度準備しておけばいいか等々、さまざまなことに役立つからです。

実はこの問題は、次のように設定を言い換えても意味は変わりません。

例題2（コインバージョン）

N枚の正しいコインを投げる実験を行って、表が10枚出た、という結果のみを知っているとしよう。投げた枚数Nとして、次のように想定するのが妥当かどうかを、それぞれについて判断せよ。

①16枚 ②36枚

実際、

コインの枚数→見学希望者の人数

表の枚数→電話をしてきた人の人数

表の出る確率→希望者が事前に電話をしてくる確率

と置き換えれば、全く同じ問題だと理解できるでしょう。そして、こう置き換えたほうが、むしろ問題の本質を「統計学的に」捉えやすくなります。

まず母集団は、「N枚のコインを（無限回数）投げて出た表の枚数のデータ」ということになります。読者のみなさんは、頭の中に、0、1、2、…、Nの数字たちが無数にひしめく池のようなものを思い浮かべてください（どの数字についても同一の数字が無数に泳いでいますが、その「多さ」は異なっています）。

「**この中から、1つのデータ10が現実に観測されたとき、私たちはNをいくつと想定するのが妥当か**」

それが与えられた問題です。

推測したいNを、母集団の持つ「**母数（パラメーター）**」と呼びます。

ここで、母数は「**想定される母集団の種類**」に対応するものだと理解してください。

N＝16なら16枚のコインを投げて出る表の枚数のデータを集めた母集団、N＝36なら36枚のコインを投げて出る表の枚数のデータを集めた母集団、というように違う種類の母集団が1つ固定されることになります。

つまり母数とは、「母集団を1つに決めるもの」であり、「実際にはいくつかわからず推定の対象である」数値であるわけです。問題は、どうやって母数Nとして妥当なものを推定するか、です（図表9-2参照）。

図表9-2　どうやって母数Nを推定するか？

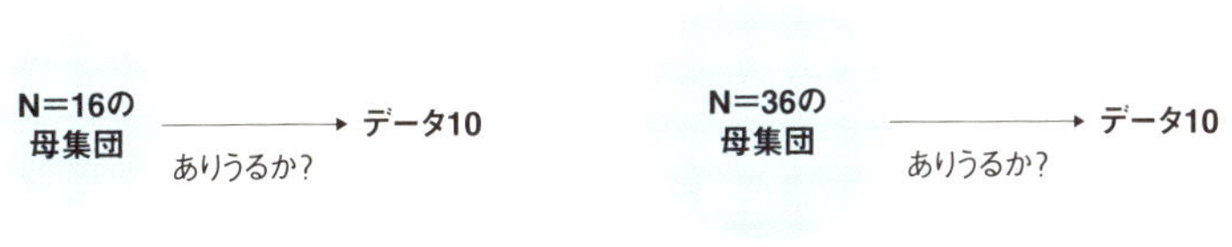

N＝16の母集団 ──ありうるか？──→ データ10　　N＝36の母集団 ──ありうるか？──→ データ10

まず、非常に妥当な推定として、「N＝20」が浮かび上がります。なぜなら、コインは確率2分の1で表が出るのだから、投げた枚数のおおよそ半分は表になると考えられ、表が10枚出たとすればその2倍の20枚投げたのだろう、そう推測できるからです。

しかし、「おおよそ」半分が表だということを考えると、ちょっと半分か

らずれた「N＝21」も「N＝19」も妥当といっていいはずでしょう。

では、**20からどこまで離れても妥当と考えていいか、N＝16はどうか、N＝36はどうか**、ここがポイントとなります。

9-3 95パーセント予言的中区間で、妥当か判断する

「母数Nとして妥当な数値をどこまで許容するか」を考えるとき、統計学では、前講で解説した「**95パーセント予言的中区間**」の考え方を利用します。

まず、候補の中に入っているN＝16が「ありうる」とすべきかどうかを考えます。つまり、「N＝16」を仮説とし、それが妥当な仮説であるか、それとも捨てるべき仮説であるかを検討するわけです。

そこで、仮に「N＝16」、つまりコインを投げた枚数が16枚であるとして、観測された「表の枚数は10」というのが理にかなうかどうかを見てみましょう。その判断を行うために、こんなふうに考えるのです。

「**16枚のコインを投げて出る表の枚数を予言するとしたら、10枚はその予言の範囲に入れるだろうか**」

実際にN＝16の場合に、表の枚数を予言するときの「95パーセント予言的中区間」を作ってみましょう。この場合、表の枚数のデータは近似的に平均値 $\mu = \frac{16}{2} = 8$、S.D.$= \frac{\sqrt{16}}{2} = 2$ の正規分布だと考えられますので、「95パーセント予言的中区間」の不等式表示は（第8講のまとめ④より）

$$-1.96 \leq \frac{x-8}{2} \leq +1.96$$

を解いて、

$8 - 1.96 \times 2 \leq x \leq 8 + 1.96 \times 2$

$4.08 \leq x \leq 11.92$

と求まります（もちろん、第8講のまとめ②から「$(\mu - 1.96\sigma)$ 以上 $(\mu + 1.96\sigma)$ 以下」の公式から求めても同じになります）。

つまり、**表の枚数は「4.08枚以上11.92枚以下」と予言**することになるわけです。

観測された表の枚数10は、この範囲に入っています。これが何を意味する

かというと、次のようなことです。仮に私たちが母集団について**母数N＝16という知識を持っていて、出る表の枚数を予測するとしたら、10というのはその予測の射程内だ**、ということです。

だから、16枚のコインを投げる（N＝16が母数）のときに、表の枚数10が観測されても何の不思議もない、想定の範囲内、そういうことなのです。ゆえに「N＝16」という仮説は捨てることはできず、妥当な可能性として残しておきます。

同じように、仮説「N＝36」についても検討してみましょう。

N＝36のときの出る表の枚数は、近似的に、

平均値 $\mu = \frac{36}{2} = 18$ 、S.D.＝$\frac{\sqrt{36}}{2} = 3$ の正規分布だと考えられます。

したがって、「95パーセント予言的中区間」は、

$$-1.96 \leq \frac{x-18}{3} \leq +1.96$$

を解いて、

$18 - 1.96 \times 3 \leq x \leq 18 + 1.96 \times 3$

$12.12 \leq x \leq 23.88$

となります。今度は、この予言の範囲「**12.12以上23.88以内**」に現実に観測された10という数字は入っていません。もしも母集団の母数が**N＝36なのであったとすれば、「私たちが現実に観測したデータ10は、予想されない想定外の数値だった」**ということになってしまいます。

このとき、私たちは2つの考え方をすることができます。

考え方1 母集団に関する仮説は正しく、覚悟していたリスク（5パーセントの確率でしか起こらない稀な出来事）が起きてしまった。

考え方2 母集団に関する仮説が正しくない。

上のどちらともとれる2つの考え方のうち、統計学では**考え方2**のほうを採用します。

そもそも予言的中範囲を作ったとき、リスクを覚悟し腹に飲み込んだわけですから、ここでも一貫した態度をとろうというわけです。つまり、このと

きは、仮説「N＝36」を妥当でないとして捨てることにします。

このことを統計学の専門の用語で、「**仮説を棄却する**」といいます。

以上により問題の解答が与えられました。N＝16は、妥当な仮説として採用します（棄却しない）。そして、仮説N＝36のほうは棄却します。

以上のことを図で説明すると、図表9‒3のようになります。

図表9-3　妥当な仮説かどうか、95パーセント予言的中区間で検証する

16枚のコインを投げる（N＝16）のとき

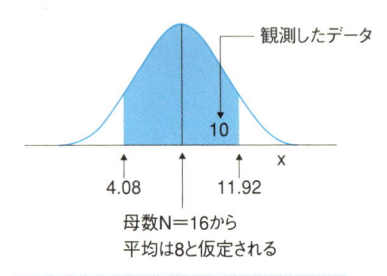

観測したデータ
10
4.08　11.92
母数N＝16から
平均は8と仮定される

95パーセント予言的中区間に観測されたデータが入るので、仮説は採択される。

36枚のコインを投げる（N＝36）のとき

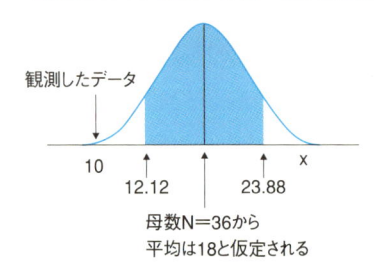

観測したデータ
10　12.12　23.88
母数N＝36から
平均は18と仮定される

95パーセント予言的中区間に観測されたデータが入らないので、仮説は棄却される。

以下が例題の答えとなります。

例題1　住宅販売会社の問題の答え：**16人は想定するが、36人は想定しない。**
例題2　コインの枚数の問題の答え：**16枚は想定するが、36枚は想定しない。**

以上は、統計学において「**仮説検定**」と呼ばれている方法論の、その発想の部分だけを、かなりおおざっぱに解説したものです。しかし、仮説検定を単に利用するだけなら、おおざっぱとはいってもこれを飲み込めれば、**それで十分**であることも確かです。

[第9講のまとめ]

仮説検定の考え方

正規分布している（あるいは正規分布で近似できる）母集団の母数について、その母数がある数値である仮説の検証は、次のように実行すればいい。

その母数の母集団が正規分布していて、その平均値を μ、S.D.を σ としたとき、観測されたデータxに対して不等式

$$-1.96 \leq \frac{x-\mu}{\sigma} \leq +1.96$$

が**成立するなら**、**仮説は棄却されない（採択される）**。
成立しないなら、**仮説は棄却される**。

[練習問題]

今回は、N枚のコインを投げて、表が57枚出たとき、仮説 N＝100枚が棄却されるかどうかを計算して答えることにしよう。
N枚のコインを投げたときは、

データは平均 $\frac{N}{2}$、S.D. $\frac{\sqrt{N}}{2}$ の正規分布で近似できるので、

N＝100と仮定すると、表の枚数は、
平均（　　　）÷2＝（　　　）枚
S.D.（　　　）÷2＝（　　　）枚
の正規分布で近似できる。
したがって、表の枚数 x の95％予言的中区間を求めると、

$$-1.96 \leq \frac{x-()}{()} \leq +1.96$$

（　　）≦ x －（　　）≦（　　　）
（　　）≦ x ≦（　　　）

となる。この範囲に x ＝57は（入る、入らない）から、N＝100という可能性は（棄却される・棄却されない）。

※解答は201ページ

column
統計的検定の画期的さとその限界

　統計的推論というのは、20世紀になって初めて確立された技術で、これは人類が待望していた方法論だといっていいのです。なぜならば、これは「**部分的事実から全体についての推論を行う**」という「**帰納的推論**」だったからです。

　人間の推論の方法は、おおまかに分類すると、「**演繹法**」と「**帰納法**」の2種類があります。演繹法というのは、「**全体から部分への推論**」で、たとえば「すべての人間は必ず死ぬ、だから自分も死ぬ」といった推論です。「**すべて**」で成り立つことは「**個々**」でも成り立つ、というしごく当たり前の推論なのです。それだけに、**疑う余地はないけれど、驚くべき結論を導出できるわけではない**という限界も持っています。

　それに対して帰納法というのは、「昨日までずっと何千年にもわたって太陽は昇り続けた。だから、明日からもずっと太陽は昇るだろう」という「**部分から全体へ**」**という形式の推論**になります。この帰納法は、私たちが日常行う推論によく現れるものであり、**自然であるけれど**「**絶対正しい**」とはいえない、間違うことも多い、そういう推論法であるわけです。

　数理的な科学における推論は、これまでずっと演繹法が中心でした。ところが、20世紀になって、統計学が遂に帰納的な推論を「数理科学として」構築することに成功したわけで、これは画期的な出来事だといっていいと思います。

　本講で解説した「検定」の発想は、「個々の部分的なデータ」を使って「母集団という全体」へ何らかの推論をするもので、その際に5パーセントの間違う可能性を織り込んでいて、帰納的な方法論だと評価できます。

　ただし、この統計的検定を利用するときに常に意識しなければならないのは、その結論が「**消極的**」**にしか評価できない**、という点です。

　本講の解説を注意深く読み直していただければわかりますように、検定の結論というのは、「棄却する」ときには強い主張になっていますが、「採択する」ときは、単に「棄却できない」ということを意味するにすぎないわけです。

　つまり、統計的推論というのは、(これは使い方次第ではあるのですが)「**否定**」**にのみ強く使うことができ**、「**肯定**」**に使うことは妥当ではない**、ということをわきまえる必要があるわけです。

コインの枚数の例でいうなら、N＝36の可能性を棄却するときは、(仮説が正しいなら、5パーセント以下の確率でしか起きないような異常な出来事が起きている、という意味で)「まずないだろう」という強い主張として使えるのだけれど、N＝16を採択するときは、「その可能性を棄却できる積極的材料はない」という程度の緩い結論だ、ということです。

　この**限界**をよく理解してさえいれば、統計的推論は人類に全く新しい、そして非常に有効な推論の方法を約束してくれるものなのです。

第10講

温度測定などの例で、95パーセント当たる信頼区間を探し出す──区間推定

10-1 予言的中区間を推定に逆用する

　前講では、95パーセント予言的中区間を利用して、母集団（の母数）に関する仮説の妥当性を評価する「検定」という方法論を解説しました。それは一口にいってしまうなら、「仮説のもとでの母集団から出てくるデータを『95パーセント予言的中区間』で予言するとしたら、現実に観測されたデータが予言に入っているか」を計算し、入っていないなら仮説を捨て（棄却し）、入っているなら仮説を可能性として残す（棄却しない）、というものでした。

　この仮説の評価法を、すべての母数おのおのに対して実行すれば、「捨てることができず可能性として残すべき母数の集まり」が確定されるでしょう。この母数の集まりを「可能な母集団の母数として推定される区間」とするのは、とても自然なことです。

　このような「ありうる母数の入るべき区間」を「**95パーセント信頼区間**」と呼び、母数をこのような区間で推定することを「**区間推定**」と呼びます。このままだと抽象的なので、前講で扱ったコインの枚数Nの推定の例を使って具体的に説明しましょう。

　前講での問題を、区間推定のための問題に書き換えると以下になります。

例題1（コインバージョン2）

　N枚のコインを投げる実験を行い表が10枚出た、という結果のみを知っているとしよう。投げた枚数Nとして考えられるのは、何枚から何枚までであろうか。

前講では「16枚はこの範囲に入るが、36枚は入らない」ということが突き止められました。その方法（仮説検定）は、次の通り。

コインの枚数についての仮説検定

母数Nについて、N枚のコインを投げて出る表の枚数のデータを母集団とすると、それは正規分布していて、その平均値は$\mu = \dfrac{N}{2}$、S.D.は

$\sigma = \dfrac{\sqrt{N}}{2}$ である。

このとき、$z = \dfrac{10-\mu}{\sigma}$ として計算したzが、不等式$-1.96 \leqq z \leqq +1.96$を成立させるNは棄却されない（採択される）。成立させないNは棄却される。

この検定の方法を、16と36だけでなくすべてのNについて実行し、棄却されたものを取り除けば、母集団のNとして妥当なあらゆる数値が生き残ることになります。これは、2

図表10-1　コインの枚数Nの区間推定

N	z
12	2.309401
13	1.941451
14	1.603567
15	1.290994
16	1
17	0.727607
18	0.471405
19	0.229416
20	0
21	−0.21822
22	−0.4264
23	−0.62554
24	−0.8165
25	−1
26	−1.1767
27	−1.34715
28	−1.51186
29	−1.67126
30	−1.82574
31	−1.97566
32	−2.12132

← $-1.96 \leqq z \leqq +1.96$ に入らない

$-1.96 \leqq z \leqq +1.96$ に入る

Nの95%信頼区間は$13 \leqq N \leqq 30$と推定できる

← $-1.96 \leqq z \leqq +1.96$ に入らない

次不等式を解いて算出することもできますが、ここではパソコン計算ソフトのエクセルを使って算出しましょう。それが図表10－1です。

　図表10－1を眺めればわかるように、Nが12枚以下ではzが不等式を成立させなくなり、またNが31枚以上でもzは不等式を成立させなくなりますから、これらのNは母集団として妥当ではないとして棄却されます。

　したがって、生き残るNは「13≦N≦30」であり、これが「**Nの95パーセント信頼区間**」と呼ばれ、「**Nについての区間推定**」の結果となるわけです。

　以上をまとめると、

「**N枚のコインを投げて10枚が表になったとき、Nの95パーセント信頼区間は13≦N≦30**」

ということです。

10-2 信頼区間の「95パーセント」が意味するところ

　ここで、「95パーセント信頼区間」というときの「95パーセント」という確率の意味をきちんと理解することは、とても大切です。

　「95パーセント予言的中区間」のときの95パーセントというのは、たしかに「95パーセントのデータがその区間に入っている」という意味でした。だから、「次回に観測するデータは95パーセントの確率でその区間に入っている」と考えて、全く正しかったわけです。

　しかし、信頼区間の場合はそうではありません。「表の枚数が10枚と観測されたとき、母数Nが95パーセントの確率でこの13≦N≦30の範囲に入っている」という意味ではないのです。

　そもそもNは、「不確実にこれから決まるもの」ではなく、「**すでに確定しているのだが、知らないもの**」なのです。そして、図表10－1をもう一度注意深く眺めればわかる通り、「**Nが異なれば母集団は異なる**」わけです。

　私たちの扱っている不確実現象とは、「固定された母集団からどのデータが観測されるか」というものでした。このとき決まった一定の仕組みで確率的に数値が出るのは、**母数Nではなく、あくまで観測される数値（今の例では表の枚数である10）**のほうなのです。

　厳密にいうと次のようになります。

観測値10からいったん意識をはずして、観測値を一般のxとしましょう。

コインをN枚投げてx枚が表になった場合、

このxと$\mu = \frac{N}{2}$、$\sigma = \frac{\sqrt{N}}{2}$から、$z = \frac{x-\mu}{\sigma}$と計算したzが、

不等式$-1.96 \leq z \leq +1.96$を満たす確率は（予言的中区間の議論から）0.95です。

つまり、xを観測し、そのxからzを計算してNを棄却していく作業をした場合、本当の正しい枚数Nが生き残る確率は、**おのおのの観測値xに対して、どれも0.95となる**わけです。したがって、（10を一例とする）どのような観測値xが出た場合でもこの方法でNを推定していく手続きを繰り返すなら、**そのうち95パーセントの推定結果は当たっている**というのが正しい解釈なのです。

つまり95パーセントというのは、「区間$13 \leq N \leq 30$に、本当のNとしてありうるものの95パーセントが入る」という見積もりではなく、「**区間推定という手続きを実行し続けるなら、観測値に対応してさまざまな区間が求まるが、その100回のうち95回は本当のNが求めた区間に入る**」そういう見積もりになる、そういうパーセントなのです。

10-3　標準偏差のわかっている正規母集団の、平均に対する区間推定

これまでのコインを例にした区間推定は、わかりやすさのために導入編として採用したものですが、正規分布を使う検定や区間推定としてはかなり特殊な例です。ですからこの項では、正規分布の区間推定として非常にスタンダードな例を解説することとしましょう。

スタンダードな例、それは、

「**母集団が正規分布とわかっていて、S.D.（σ）はわかっているが、平均値（μ）がわかっていないとき、観測されたデータからμを区間推定する**」

というタイプのものです。

ここで「S.D.はわかっている」というのがとってつけたような仮定だと感じられる読者が多いかと思われます。まったくその通りで、正規分布だとわかっていて、S.D.がわかっていて、なのに平均値だけわからない、というの

はわざとらしい環境だといえるでしょう。本当は、「S.D.もわからない」あるいはもっというと「正規分布であることさえもわからない」という環境の中で推論してこそ、本物の推論だといえます。もちろん、そういう環境での推定は実際に可能で、それこそが本書の最終目標なのです。ところが、その方法論に行き着くまでの道程はまだまだ長いのです。

　一方、私たちは多少わざとらしさがあるとはいえ、今の知識程度でも、この種の問題を解決することができる段階にきています。そのアイデア（考え方）の根本は一般化されたときにも通用するものなので、ここで予告編的に方法論を見てしまうのは損にはならないでしょう。そういう事前了解のもとで、次の**例題2**を読み進んでください。

例題2　温度の測定

　精度のあまりよくない温度計で、液体の温度を測るとしよう。
　計測されたデータは、実際の温度 μ を平均とし、標準偏差5℃の正規分布をする。今、計測した温度は20℃であった。実際の温度を95%信頼区間で区間推定せよ。

　これはまさに先ほど説明した「母集団が正規分布だとわかっていて、そのS.D.はわかっていて、それらをもとに、観測したデータから母集団の平均値を推定したい」というタイプの問題にあたります。
　先ほどは「とってつけた仮定」といったのですが、このようなタイプの問題の場合には、さほど奇異な仮定というわけでもありません。どうしてかというと、**機械や目視による測定値のデータは「実際の値」を平均値とする正規分布をすることが知られています**。そもそも正規分布の式を発見した数学者ガウスは、天文台の所長の任務にあったとき、天体観測の観測誤差を調べていて、この分布を発見したとされているぐらいです。
　つまり、母集団が（無限個の）観測値のデータの集まりの場合、
　　平均値→実際の値
　　S.D.→測定の精度
という対応が考えられ、測定機械にそれぞれの**固有の精度＝S.D.**が知られているのは不思議なことではありません。

さて、実際の温度 μ を区間推定するには、図表10-2のような考え方をすればいいわけです。

図表10-2　正規分布の平均値の区間推定

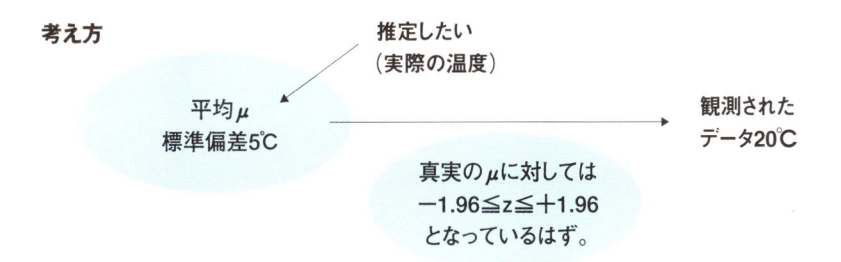

考え方

平均 μ
標準偏差5℃

推定したい
（実際の温度）

観測された
データ20℃

真実の μ に対しては
$-1.96 \leq z \leq +1.96$
となっているはず。

まず、推定したい実際の温度＝母集団の平均値を μ としましょう。母集団のS.D.はあらかじめ $\sigma = 5$ とわかっています。

したがって、$z = (x - \mu) \div \sigma$ の式にもとづき、観測値20を

$$z = \frac{20 - \mu}{\sigma} = \frac{20 - \mu}{5}$$

と加工すれば、この z は標準正規分布するデータの1個を観測していると見なすことができます。このとき、z が「$-1.96 \leq z \leq +1.96$」を満たす場合に、その μ を持つ母集団を「ありうる母集団」として残します。これが「区間推定」の考え方でした。

この不等式を解くと以下のようになります。

μ が棄却されない
→ μ が $-1.96 \leq \dfrac{20 - \mu}{5} \leq +1.96$ を満たす
→ μ が $-9.8 \leq 20 - \mu \leq +9.8$ を満たす（3辺に5を掛けた）
→ μ が $-29.8 \leq -\mu \leq -10.2$ を満たす（3辺から20を減じた）
→ μ が $29.8 \geq \mu \geq 10.2$ を満たす（3辺に -1 を掛けた。不等号が逆転することに注意）

以上の1次不等式を解く作業によって、「$10.2 \leq \mu \leq 29.8$」の範囲の μ が棄却されず、**母集団の μ として妥当なものとして生き残る**ことがわかりました。

つまり、実際の温度 μ の95パーセント信頼区間は「10.2≦ μ ≦29.8」となります。

[第10講のまとめ]

①**区間推定**とは、母集団の母数（パラメータ）に対して、その母数を仮定したとき観測されるデータの「**95パーセント予言的中区間**」に**現実に観測されたデータが入るような母数だけを集める推定の方法**である。区間推定によって定められた母数の範囲を「**95パーセント信頼区間**」という。

②区間推定で求められる**区間**は、前講における「**検定**」の作業をすべての母数に関して実行し、**棄却されずに生き残ったものの集まり**となる。

③**正規母集団について標準偏差 σ が既知のとき、未知の平均値 μ を区間推定する方法**

観測されたデータ x を用いて、μ に関する1次不等式

$-1.96 \leq \dfrac{x-\mu}{\sigma} \leq +1.96$ を解いて、

「$* \leq \mu \leq *$」という形にすればいい。

④ **95パーセント信頼区間**とは、さまざまな観測値から同じ方法で区間推定をすると、そのうちの**95パーセントは正しい母数を含んでいる**、そういう区間のことである。

[練習問題]

　血圧検査は、検査する人の癖や聴覚次第で、ある程度まちまちになることが知られている。

　今、血圧検査で自分の血圧を測ってもらうときの血圧を x とすると、x は実際の血圧 μ を平均とし、標準偏差 6 の正規分布をするとしよう。

　このとき、計測された血圧が130であったとしたら、あなたの実際の血圧 μ はどの範囲であると推定すればよいのだろうか。95パーセント信頼区間を求めてみることにする。

$$-1.96 \leq \frac{()-\mu}{()} \leq +1.96$$

を解くと

$() \leq ()-\mu \leq ()$

$() \leq \mu \leq ()$

これが μ の95パーセント信頼区間である。

※解答は201ページ

第2部

観測データから背後に広がる巨大な世界を推測する

　第1部では、最初、データの縮約の仕方を紹介しました。
「縮約」というのは、データの持つ特徴を浮き彫りにする手法のことでした。
縮約の表現法として、度数分布表やヒストグラムという図表による表現と、
平均値や標準偏差（S.D.）という数値による表現とを紹介しました。
その後、正規分布するデータについて、それが持っている分布の特徴をヒストグラムや平均値、
標準偏差の両面から解説し、その応用として、
正規母集団に対する「統計的検定」と「区間推定」の方法を、ごくおおざっぱに説明いたしました。
　ところで、この第1部では、データ処理の基本から統計的推定の基本までを
超特急で走り抜けることを目指していましたので、簡便化とわかりやすさを優先したため、
厳密さに欠ける説明になったところもあります。
　そこで第2部では、もう少し丁寧に区間推定を解説することにしましょう。
この部では、もう少し詳しく議論するため多少面倒になることを覚悟してください。
ここを理解すれば、カイ二乗分布やt分布に関する区間推定まで足を伸ばすことができるようになり、
統計学の最も重要な部分に到達することが可能となるのです。
とはいえ、第1部でおおよその予告編を読み、「予習」を完了された読者諸氏には、
いまやそう高いハードルではなくなっているはず。
安心して読み進んでください。

第11講

「部分」によって「全体」を推論する── 母集団と統計的推定

11-1 母集団とは、仮想の壺である

　第1部でも解説した「**母集団**」はとても大切なので、ここでもう一度振り返っておくことにしましょう。

　私たちは、同じ不確実現象がまちまちな数字を生み出してくる様子を、データという形で観測します。たとえば、同じ種類の蝶でも体長はそれぞれ違う数値に観測されます。また、選挙において有権者たちは、それぞれの投票したい人物に投票します。さらには、コインを36枚投げると、表になる枚数は0枚から36枚までの数値をまちまちにとります。もっとあげるなら、同じ店の一日の売り上げは日によって異なりますし、株価の日経平均も毎日上がったり下がったりを繰り返しています。

　私たちはここで仮想的に、壺のようなものがあって、同じ現象のデータはみな同じ壺から出てくるものとイメージすることにしましょう。この仮想の壺を「**母集団**」といいます。蝶の体長のデータは、蝶の体長の数値の詰まった壺から出てきて、店の売り上げのデータは店の売り上げの数値が詰まった壺から出てくる、そう見なすわけです。

　選挙の場合には、壺をそのまま「開票所全体」とイメージすればいいのでわかりやすいでしょう。ある人が誰に投票したか、それは開票所の中の投票用紙1枚に観測されるものと全く同じだからです。1回の選挙における全データは、（棄権も含めると）有権者の人数と一致するので、有限の数ですから、「**有限母集団**」と呼ばれます。

　それに対して、蝶の体長は、古今東西、未来永劫のすべての蝶の体長を（神のような超越的存在が）すべて計測し、その計測結果を書いた無限枚の

紙を壺に入れたと考えれば、無限個のデータ数となりますから、「**無限母集団**」と呼ばれます。コイン投げについても、36枚のコイン投げを無限回行って、出た表の枚数をすべてデータとして壺に入れたと考えて（0から36までの37種類の数字がそれぞれ無限個ずつ入ることになる）、これも無限母集団になります。店の売り上げや株価の日経平均も、仮に無限の取引が行われたと考えて、やはり無限母集団として扱うことにします。

　本書では、一般性を考えて、有限母集団は扱わず、**無限母集団だけを考えます**（選挙をたとえとして持ち出す場合でも、無限母集団だと見なして読んでください）。

　統計的推定の目標は、この（無限）母集団の中から出てきたいくつかのデータから、母集団全体について、何らかの推測を行うことにあります。第1部でも解説しましたように、これは「**部分から全体への推論**」になります。慎重な読者は、どうしてこのようなことが可能なのか不思議に思うかもしれません。

　しかし、よくよく日常生活を振り返ってみると、そういうことは普段から行っています。たとえば、次のようなことが思い当たるでしょう。私たちはみそ汁を作るとき、その味（しょっぱさ等）が適切かどうかを、判定する必要があります。もちろん、みそ汁を鍋1杯分全部飲んでしまえば確かな判定ができますが、これでは味見の意味がありません。そこで、スプーンで1杯分だけ飲んでみて、それで大丈夫ならよしとします。つまり、**部分によって全体を判断している**わけです。

　これでおおよそ味付けがうまくいくのは、どうしてでしょうか。そうです。「**よくかき混ぜてあるなら、スプーン1杯分に全体が反映されている**」と考

えられるからです。

統計的推定も同じことです。母集団という仮想の壺から出てくるデータが、誰かによって恣意的にコントロールされたものではなく、**母集団全体の様子を反映した出方であるなら**、部分から全体を判断することはみそ汁の例と同じでしょう。

ただし、みそ汁の味見の場合でも、たまたま「やや味の濃いめ」の場所をすくってしまうことや、「やや味の薄め」の場所をすくってしまうことも想定しなければいけないので、みそ汁全体の味は、味見した味から**多少ずれている可能性を踏まえるのは当然**です。同じように、統計的推定でも、母集団の推定は「どんぴしゃ」とはいかず、いくぶんかのズレを覚悟しなければならないわけです。

11-2 ランダム・サンプリングと母平均

母集団を壺のようなものとイメージしてもらいました。その壺の中身のイメージについて、もう少し詳しくお話しすることにしましょう。

（無限）母集団の一例が図表11−1にあります。データの数値は①、⑤、⑨の3種類しかありませんが、それぞれのデータは壺の中に無数に入っています。

次のようにイメージしてください。壺の中には3種類の池があって、「データ①が無数に泳ぐ池」「データ⑤が無数に泳ぐ池」「データ⑨が無数に泳ぐ池」です。

池は大きさ（広さ）に違いがあり、それぞれ0.6、0.3、0.1の面積を持っていると仮定します（以降、母集団の中の「池」の面積は、このように**合計すると1になるように必ず設定します**）。池の広さの違いは、**母集団という壺から各データの出てきやすさの違い**だと考えてください。この母集団の場合、観測されるデータは①か⑤か⑨のいずれかになるのですが、観測の相対度数は池の広さの数字（面積）そのものになり、0.6と0.3と0.1となるわけです。

つまり、**数字①は数字⑨の6倍出やすく**、**数字⑤は数字⑨の3倍出やすい**ということです。

図表11-1　母集団とランダム・サンプリング

母集団の構造（無限母集団）

母集団を、こういう感じでイメージしよう

⬇

- 無数の数字が、池で泳いでいる

- 同じ数字は、同じ池で泳いでいる

- 池には面積の違いがある
  （加えると1になる小数の面積）

- どこかの池から数字が1つ釣り上げられて、データ（標本）として外に出てくる

- どの池から出てくるかは、池の面積に比例する

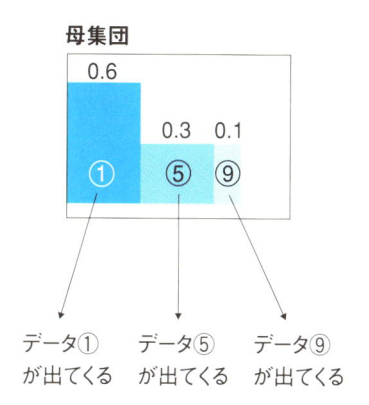

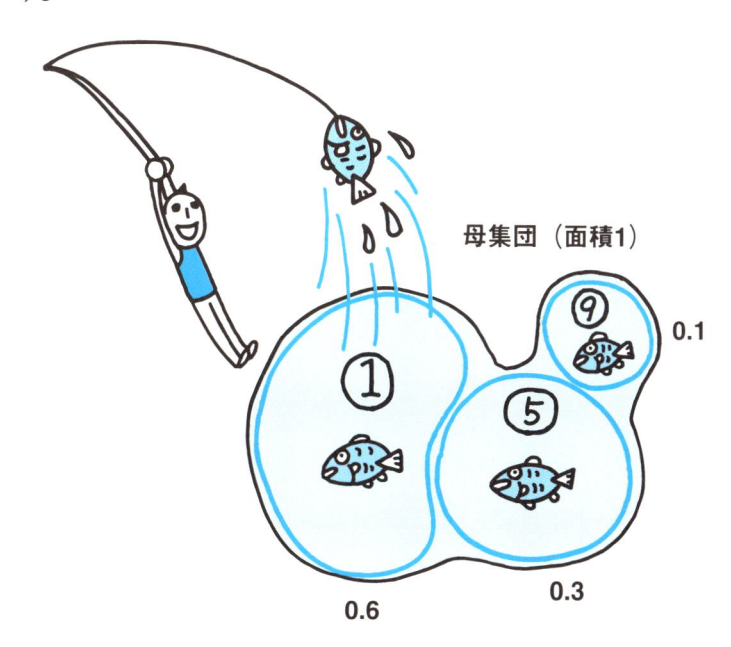

母集団

0.6		
	0.3	0.1
①	⑤	⑨

データ①　データ⑤　データ⑨
が出てくる　が出てくる　が出てくる

母集団（面積1）

⑨ 0.1
① 0.6
⑤ 0.3

実はこのことが明白であると説明するためには、「確率」の表現を使わなければなりません。つまり、①、⑤、⑨が観測される確率はそれぞれ0.6、0.3、0.1であり、それが毎回、それぞれの確率に従う独立試行（他の観測値の出現に影響を与えないもの）として出現する、ということです。

　しかし第0講でお話ししたように、本書では確率を避け、データの分布だけで話をしているので、ここでは多少ごまかした意味づけをすることを事前にお断りしておきます。

　このとき「観測の相対度数が0.6と0.3と0.1」というのはどういうことかというと、

「この母集団から繰り返しデータを観測することを十分多くの回数実行し、ヒストグラムを作成すれば、ヒストグラムはほとんど母集団のものと一致する」

という意味です。つまり、**現実に観測されるデータの相対度数に壺の中の池の広さがそのまま反映される**、というわけです。このような仮定を、「**ランダム・サンプリング（無作為抽出）の仮定**」といいます（図表11-2参照）。

図表11-2　ランダム・サンプリングと観測データのヒストグラム

データをたくさん観測すると
母集団にものすごく近い
ヒストグラムができる

↓

無限に近い大量のデータを抽出して観測すると、データの相対度数は池の面積とほぼ同じになる。よって母集団のヒストグラムと同じになると考えていい

母集団
0.6
0.3　0.1
①　⑤　⑨
観測されたデータx

観測されたデータのヒストグラム
ほぼ0.6
ほぼ0.3
ほぼ0.1
①　⑤　⑨

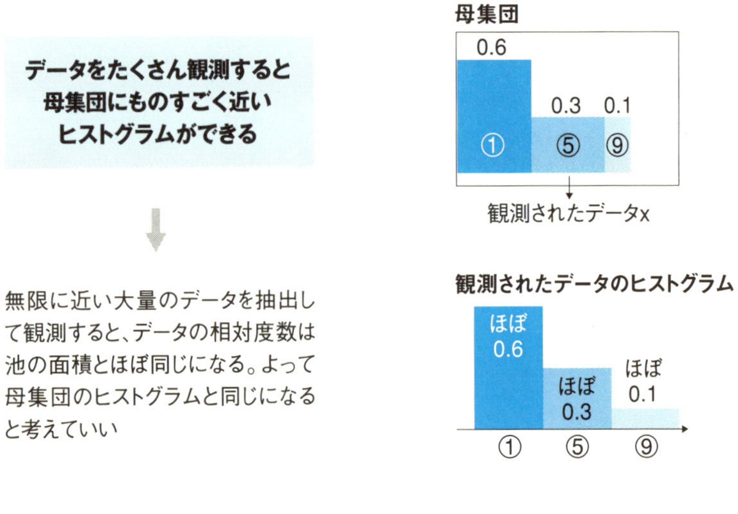

この仮定をしてしまうと、「**観測を十分たくさん行うと、母集団の様子はかなり鮮明に捉えられる**」ということになります。このことが本当に正しいことは、確率理論が数学的に保証してくれていますが、本書では触れません。そして、私たちのこれからの目標は、「**それほどたくさん観測せずに母集団の様子を推測する**」ということになります。

　まず、私たちはこの仮定を利用して「**母集団の平均値**」というものを定義することができるようになります。もう一度第2講で解説した「ヒストグラムからの平均値の計算」を振り返っておきましょう。

　　　平均値＝階級値×相対度数の合計

でしたから、この母集団の平均値は、十分な回数繰り返し観測したときのヒストグラムから、

　　　平均値＝1×0.6＋5×0.3＋9×0.1＝3

と計算されます。この計算は、

　（**母集団に存在する数値**）×（**それが泳ぐ池の広さ**）**の合計**

と同じものになることもすぐ理解できるでしょう。

　このような母集団の平均値のことを「**母平均**」と呼びます。母平均を一般的に表すときは、ギリシャ文字の μ（ミューと読む）を使います。

　第2講の解説を読み直してくださるとわかるように、母平均 μ を知ることで私たちは、「母集団の全データはおおよそ μ の周辺に分布しているのだな」ということを知ることができます。つまり、母集団の壺の中を泳いでいるデータが、おおよそどのくらいの水準なのか、それを知ることができるわけです。

　ところが、母平均を求める今の手続きを見てわかるように、母平均を直接求めるには、母集団に存在するすべての数値を観測し、その泳ぐ池の面積を知る必要があります。それには十分な回数の観測をし、観測データのヒストグラムの分布が母集団の分布の様子をかなり正確に再現するようになっていなければなりません。しかし、そのようなことは（選挙や国勢調査のような稀な例を除けば）実際にはほとんどありえないことです。

　したがって、私たちが必要としているのは、観測された**それほど多くない**

データから、母平均を推測する手だてです。第1部の終わりのほうで、そのおおまかな方法論はすでに解説しました。第2部ではさらに詳しく説明していくこととなります。

[第11講のまとめ]

> ①**無限母集団**には、**各データは無限個ずつ存在していて、その「観測されやすさ」はそれぞれ異なっている**。
> ②**ランダム・サンプリングの仮定**とは、「**十分な回数の観測を行ってヒストグラムを作成すると、母集団の分布が再現される**」という仮定である。
> ③**母集団の平均値 μ を母平均といい、次の方法で計算される**。
> μ ＝データの数値×相対度数の和（＝データの数値×池の広さの和）

[練習問題]

次のような母集団を考える。

数字（データとして出てくるもの）	3	5	6	9
相対度数（池の面積＝抽出確率）	0.3	0.3	0.2	0.2

①この母集団の母平均を求めるには、数字と相対度数を掛けて、合計すればいい。

数字	相対度数	数字×相対度数
3	0.3	
5	0.3	
6	0.2	
9	0.2	
	合計	

②これより、母平均 μ =（　　　）となる。

③さらに、この母集団から、無数に近いデータを抽出してヒストグラムを作ったものを下のグラフに書き込め。

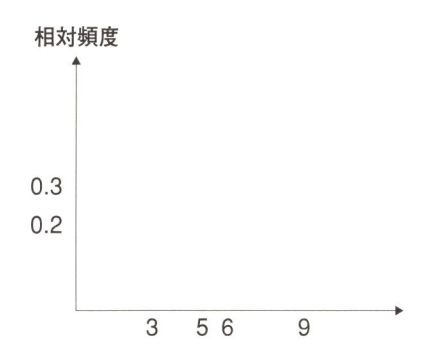

※解答は201ページ

第12講

母集団のデータの散らばり具合を表す統計量
―― 母分散と母標準偏差

12-1 データの散らばり具合を知る

　前講では、母集団のデータの分布の様子を捉えるための指標として、母平均を定義しました。それは、母集団という「仮想の壺」に無限個詰まっているデータの数値を、その池の広さ（＝データの「多さ」「濃さ」「測度」）で加重平均して算出したものです。また、それは実際に十分な回数観測することで作られるヒストグラムにおいて、「データの数値と相対度数を掛け算して合計して得られるもの」とおおよそ（正確にいうと、観測回数を増やしていった極限においては）一致していました。

　母平均が μ だということは、母集団に詰まっているデータがおおよそ μ の周辺のまちまちな数値であることを意味しています。しかし、「まちまち」とはいっても、「どの程度まちまちなのか＝**散らばり具合**」を捉えておかないと分布の様子を捉えているとはいえず、何かと不自由が出ることも、第1部でお話ししました。

　このような「**データが μ の周りにどのくらいの広さに散らばっているか**」とか「μ から遠くのデータが、どの程度の散らばり具合で出現するのか」を捉える統計量が標準偏差（S.D.）だったわけです。

　したがって母集団に対しても、この標準偏差を計算することで、**母集団に「どんなふうにデータが詰まっているのか」**が、より詳しくわかることになるでしょう。

　ここで、標準偏差の計算の過程で出てくる「偏差」と「分散」を復習しておきます。

　まず各データに対する偏差とは、

偏差＝（データの数値）－（平均値）

でした。

つまり平均値を基準に見たときのプラス・マイナスの数にデータを変換したのです。そのデータが平均値からどの程度大きいか、あるいは小さいかが、偏差でわかります。各データをこのような偏差に変換した上で、2乗して合計し、データ数で割ると、「分散」が得られたわけです。

分散＝{（偏差の2乗）の合計}÷（データ数）

そして最後に、得られた分散の値をルートにすることで、「標準偏差」が得られます。これは、偏差に関して「二乗平均」という特殊な平均のとり方を実行したものです。

標準偏差＝$\sqrt{\text{分散}}$

この作業を、度数分布表あるいはヒストグラムから行うには、次のように行ったことも思い出しましょう（40ページ参照）。

平均値＝（階級値×相対度数）の合計
偏差＝（データの数値）－（平均値）
分散＝{（偏差の2乗）×相対度数}の合計
標準偏差＝$\sqrt{\text{分散}}$

12-2　母分散と母標準偏差の計算

母集団のデータたちの標準偏差を「**母標準偏差**」と呼ぶことにしましょう（ちまたの統計学の教科書では、ほとんど使われない言葉ですが、名づけたほうが便利だと思うので、本書ではこの用語を使います）。この母標準偏差

をσ（ギリシャ文字で**シグマ**と読む）という記号で表すことにします。

そして、母集団の分散、これは「**母分散**」と呼ばれますが（これは広く使われている用語です）、こちらはルートをとる前の数字ですから、σ^2と書くことにします。

母集団のデータとその分布（各池の広さ）が与えられている場合、母分散σ^2と母標準偏差σを計算するのは、たやすいことです。前講で解説しましたように、十分な回数観測してヒストグラムを作れば、それは（池の広さ）→（相対度数）としたものになる、という「ランダム・サンプリングの仮定」があるからです。

したがって

　　偏差＝（データの数値）−（母平均μ）

を各データに対して計算した上で、

　　母分散σ^2＝{（偏差の2乗）×（池の広さ）}の合計
　　母標準偏差σ＝$\sqrt{（母分散\sigma^2）}$

というふうに計算すればいいことになります。

図表12-1　母分散と母標準偏差

母分散σ^2と母標準偏差σの求め方

母集団の平均μは
μ＝（データの値×相対度数）の合計
　＝1×0.6＋5×0.3＋9×0.1＝3

母分散σ^2＝{（偏差の2乗）×相対度数}の合計
　＝$(-2)^2$×0.6＋$(+2)^2$×0.3＋$(+6)^2$×0.1
　＝**7.2**

母標準偏差σ＝$\sqrt{7.2}$＝**2.68**

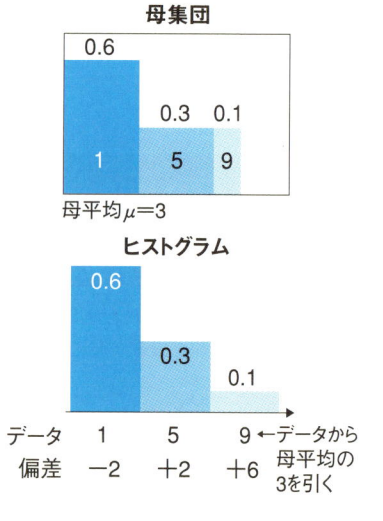

母集団

データ	1	5	9
相対度数	0.6	0.3	0.1

母平均μ＝3

ヒストグラム

データ	1	5	9
偏差	−2	＋2	＋6

←データから母平均の3を引く

図表11-1で扱った母集団に対して、その母分散と母標準偏差を求めてみましょう。この母集団は、図表12-1のように、3種類のデータ1、5、9が、それぞれ0.6、0.3、0.1の池の広さ（＝「多さ」「濃さ」「測度」）で詰まっているようなものです。このとき、十分な回数データを観測すると、図のヒストグラムができあがります。

　この平均値は前講で計算したように、3となります。したがって、偏差は各データの数値1、5、9から平均値の3を引き算して、－2、＋2、＋6となります。これを2乗して相対度数を掛け算して加えれば、

　　母分散 $\sigma^2 = (-2)^2 \times 0.6 + (+2)^2 \times 0.3 + (+6)^2 \times 0.1 = 7.2$

となり、さらにこのルートをとれば、

　　母標準偏差 $\sigma = \sqrt{7.2} = 2.68$

と求められます。

[第12講のまとめ]

> ①**母集団のデータの散らばり具合を表す統計量が、母標準偏差**である。
> ②母標準偏差は次のプロセスで求められる。
> **偏差＝（データの数値）－（母平均 μ）**
> **母分散 σ^2 ＝ ｛（偏差の2乗）×（池の広さ）｝の合計**
> **母標準偏差 $\sigma = \sqrt{母分散\sigma^2}$**

[練習問題]

母分散 σ^2 と母標準偏差 σ を求める練習をしよう。

次のような母集団を考える。

数字（データとして出てくるもの）	11	9	4	1
相対度数（池の面積＝抽出確率）	0.3	0.3	0.2	0.2

① まず、この母集団の母平均 μ を求める。

数字	相対度数	数字×相対度数
11	0.3	
9	0.3	
4	0.2	
1	0.2	
	合計	

これより、母平均 $\mu =$ （　　　　） となる。

② 次に偏差を求めて、それを2乗し、相対度数を掛けて合計しよう。

数字	偏差	偏差の2乗	相対度数	偏差の2乗×相対度数
11			0.3	
9			0.3	
4			0.2	
1			0.2	

③これより母分散＝（　　　）となる。

また、母標準偏差＝$\sigma = \sqrt{()}$ ＝（　　　）となる。

※解答は202ページ

第13講

複数データの平均値は、1個のデータより母平均に近くなる──標本平均の考え方

13-1 観測された1個のデータから何がいえるか

　私たちが知りたいのは、不確実現象の源である「母集団」のことです。

　母集団にどのような数値がどのような相対度数（＝「池の広さ」「濃さ」「測度」）で詰まっているのかを知ることができれば、これから観測されるであろう数値に対して、（それをどんぴしゃ当てることができないのは仕方ないとしても）有効性のある備えができるからです。

　しかし、母集団の数値全体の分布の様子をすべて的確に知ることは原理的に不可能といっていいでしょう。確かにそれは、「ランダム・サンプリングの仮定」から、十分な回数の観測をすれば明らかになるわけですが、私たちを取り囲む不確実現象に関して、そんな多数の観測はなしえないからです。

　ではたとえば、ここで1個のデータxが現実に観測されたとして、これから母集団について何がいえるのでしょうか。「母平均μはこのxの近くだろう」というぐらいの推量は可能でしょう。平均値というのは、分布の中から選ばれた代表的な点（ヒストグラムのやじろべえがつり合う支点）だからです。

　さらに、もし仮に、母標準偏差σを何らかの理由で知っているならば、母平均μについてさらに詳しく推量できるでしょう。

　図表13-1を眺めてください。第1部で解説したように、「多くのデータは平均値からS.D. 2個以内の範囲にある」と考えられます（47ページ参照）。したがって、「データxはμから$\sigma \times 2$程度以内の離れ方だろう」とおおざっぱに考えることができます。逆にいえば、**xから$\sigma \times 2$程度以内の隔たり**

でμが存在しているだろう、と見ていいわけです。これは**母集団が正規分布の場合には強く支持されます**。

この性質を利用して、統計的検定や区間推定が可能になることを第1部で説明しました。また、正規分布でない一般の分布に対しても、σ×2をσ×kというふうに変えて、kをうまく選べば、強く支持されるようになることを数学者たちが示しています（具体的にいうと、一般にμからσ×k以上離れるデータは全体の$\frac{1}{k^2}$の比率以下しかない、ということです。これを「**チェビシェフの不等式**」といいます）。

図表13-1　母標準偏差を知っているときの推定

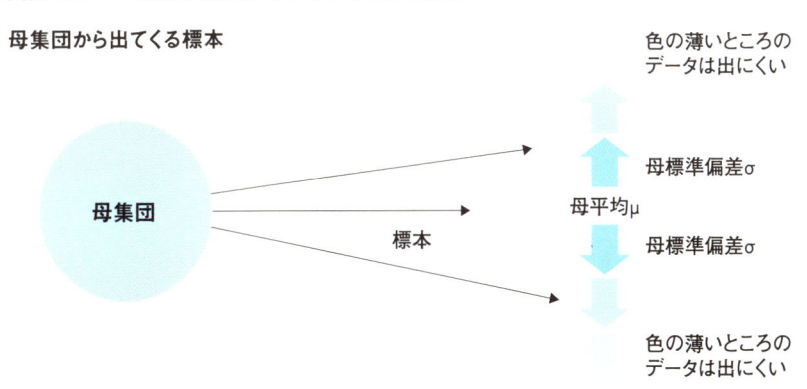

母集団から出てくる標本

色の薄いところのデータは出にくい

母標準偏差σ

母平均μ

母標準偏差σ

色の薄いところのデータは出にくい

母集団

標本

13-2 なぜ標本平均を行うのか

では、観測されたデータが1個ではなく、数個である場合はどうでしょうか。

もちろん、数個のデータがあっても、母集団の分布を再現するほどの情報にならないのは、いうまでもありません。しかし、母平均μについての推量なら、1個の観測データのときより、ずっと精度を上げることができるのです。

ここで、私たちが日常、同じ現象のデータを複数観測した場合に行っている習慣を思い出してください。n個のデータを観測したら、「データを合計してnで割って算術平均をとる」ということをよく行います。

たとえば、テストの何回かの点数を平均したり、体温を何回か測って平均したり、日々の売り上げを何日分か合計して平均したりします。

このような、観測されたデータの平均値を、母平均と区別するために、**標本平均**と呼びます。

　　標本平均＝（観測されたデータの合計）÷（観測データ数）

です。

具体例は、図表13-2を見てください。

図表13-2　標本平均

母集団から2個データを観測したらどうなるだろう？

母集団から発生した標本（データ）たちを合計して、データ数で割って平均したものを標本平均という。

（母平均とは違うので注意しよう）

母集団 → 標本1
　　　 → 標本2

標本平均＝（標本1＋標本2）÷2

例：（標本1）＝5で、（標本2）＝11なら、
　　標本平均＝（5＋11）÷2＝8

では、私たちはなぜ、このような標本平均ということを行うのでしょうか。

その理由は、「偶然に起きるデータの散らばりを打ち消して、実際の値に近い値を作り出したい」からでしょう。

たとえば、模擬テストの点数が重要なのは、現実の入試で何点取れるかの予測を立てたいからです。しかし、1回1回の模擬テストの点数は、そのときの好不調や運不運によってさまざまな点数になります。だから、**何回かの模擬テストの平均点を出して、「偶然のいたずら」の効果を消す**わけです。体温の計測や売り上げの見積もりでもそれは同じです。

実はこのような標本平均の発想が、統計的推定でも大きな効力を持つことがわかっています。

そのことを理解してもらうために、頻度を理想化したものである「数学的確率モデル」を利用することにします。難しそうな名前ですが大丈夫、単なるサイコロ投げのモデルにすぎません。

図表13-3　サイコロ投げの標本平均

サイコロ投げを例にして、標本平均の性質を見てみよう

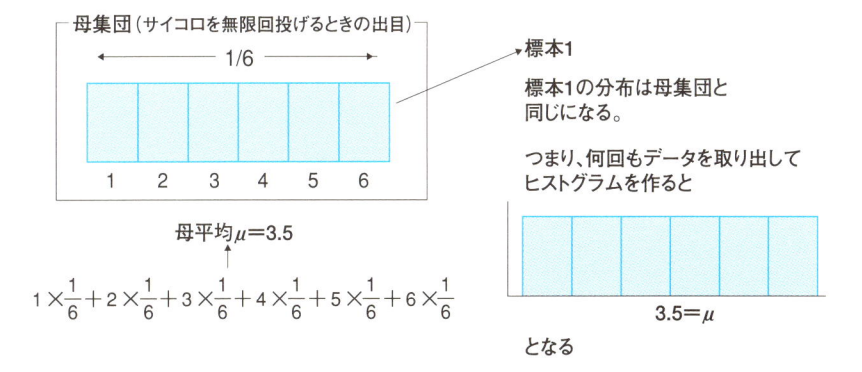

母集団（サイコロを無限回投げるときの出目）
1/6

1　2　3　4　5　6

母平均 $\mu = 3.5$

$$1 \times \frac{1}{6} + 2 \times \frac{1}{6} + 3 \times \frac{1}{6} + 4 \times \frac{1}{6} + 5 \times \frac{1}{6} + 6 \times \frac{1}{6}$$

標本1

標本1の分布は母集団と同じになる。

つまり、何回もデータを取り出してヒストグラムを作ると

$3.5 = \mu$

となる

図表13-4　サイコロ2個投げたときの記録の標本平均

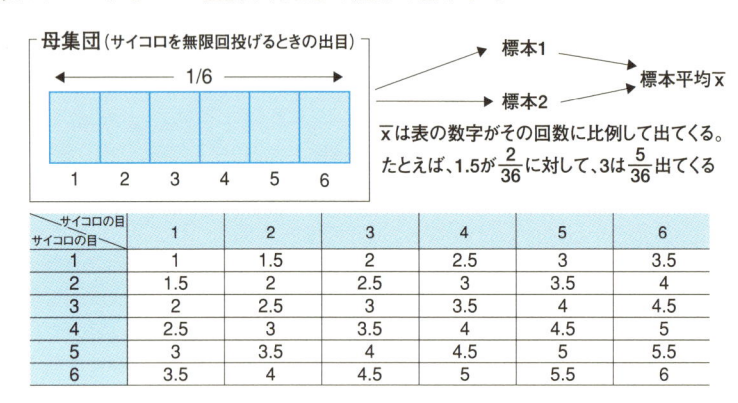

母集団（サイコロを無限回投げるときの出目）

標本1
標本2
→ 標本平均 x̄

x̄は表の数字がその回数に比例して出てくる。
たとえば、1.5が $\frac{2}{36}$ に対して、3は $\frac{5}{36}$ 出てくる

サイコロの目＼サイコロの目	1	2	3	4	5	6
1	1	1.5	2	2.5	3	3.5
2	1.5	2	2.5	3	3.5	4
3	2	2.5	3	3.5	4	4.5
4	2.5	3	3.5	4	4.5	5
5	3	3.5	4	4.5	5	5.5
6	3.5	4	4.5	5	5.5	6

　まず、図表13－3の最初の図はサイコロを投げて出た目を無限回記録した母集団を表しています。サイコロは理想的に作られていて6面とも均等に出ると考えられるので、池の広さ（＝「多さ」「濃さ」「測度」）はすべて6分の1となると考えるのが自然です。

　したがって、**母平均 μ** は図での計算の通り、**3.5**になります。

　次に、この母集団から出てくるデータを2回観測すること、つまりサイコロを2回投げて出る目を**2個ペアで記録する**とどうなるかを見てみましょう。「2個ペアの記録」を繰り返していくと、「1と1」とか「2と5」などの36通りが、やはり均等に現れることは容易に想像できます。このペアになった2個のデータから算術平均を記録したらどうなるか、それが図表13－4になります。

　すると、算術平均として現れる数字は、1、1.5、2、2.5、3、3.5、4、4.5、5、5.5、6の11通りですが、今度は**もはや均等に出現しない**ことに注意しましょう。

　図表13－4から、たとえば平均が2になることは1になることの3倍多く起こり、3.5になることは6倍多く起こることが見てとれます。これらの算術平均のヒストグラムを描くと、図表13－5の図になります。

　標本平均は x̄ という記号で書きます（エックスバーと読む）。図表13－6を見てください。元の母集団は（あるいはそこから出てくるデータの十分な回数の観測で作ったヒストグラムは）、どのデータも同じ相対度数を持つフ

ラットなグラフになっていましたが、2個の標本平均x̄については、**山形のヒストグラム**になり、しかも母平均3.5の周辺の相対度数が高くなっているのが見てとれるでしょう。

したがって、サイコロを1回投げるより、**2回投げて出た目の標本平均をとるほうが、より母平均3.5に近い数値が現れる可能性が高くなる**というわけなのです。

実は、このような性質は、サイコロ投げの母集団だけでなく、いかなる母集団についても成立することがわかっています。それは数学の定理として次のように表現されます。

図表13-5　サイコロ2個投げたときの標本平均

標本平均の分布

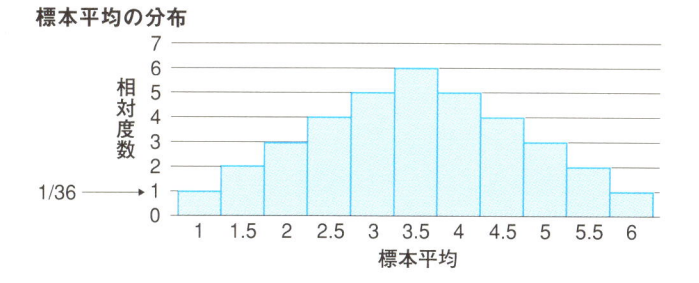

図表13-6　サイコロ投げの標本平均

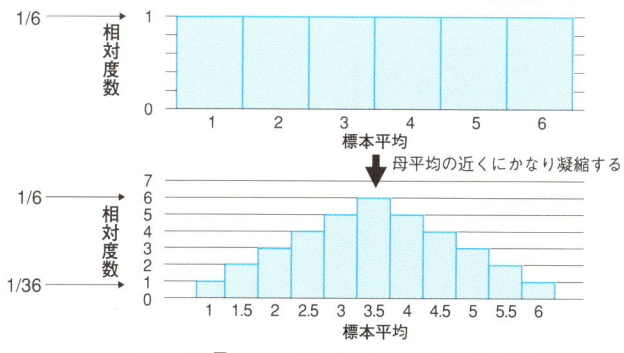

標本平均x̄の平均は、母平均3.5に一致している。
（平均＝やじろべえのつり合いで、この場合真ん中だから）
しかし、数値の相対度数は平均のそばがぐっと高くなっている。

大数の法則

　1つの母集団から、n個のデータを観測しその標本平均$\bar{x}$を作る。このとき、nが大きければ大きいほど、標本平均は母平均μに近い数値をとる可能性が高くなる。

　つまり、私たちが普段から親しんでいる標本平均という技術は、母平均をより正確に当て推量するために適切な方法であり、数学法則によってバックアップされている、ということです。

[第13講のまとめ]

> ①観測されたデータは、ある程度、母平均に近いものだと考えられる。
> ②複数のデータを観測し、その平均をとったものを標本平均と呼び、$\bar{x}$と記す。
> ③複数のデータを観測して標本平均をとると、それは1個のデータよりずっと母平均に近い値であることが期待できる。**観測データを増やせば増やすほど、標本平均が母平均に近い可能性が高くなる。**
> ④**大数の法則**　1つの母集団から、n個のデータを観測しその標本平均を作る。このとき、**nが大きければ大きいほど、標本平均は母平均μに近い数値をとる**可能性が高くなる。

[練習問題]

次のような母集団を考える。

数字（データとして出てくるもの）	1	2	3	4
相対度数（池の面積＝出現確率）	0.25 ($\frac{1}{4}$)	0.25 ($\frac{1}{4}$)	0.25 ($\frac{1}{4}$)	0.25 ($\frac{1}{4}$)

①標本平均の相対度数を求めるための表を作ろう。空欄を埋めよ。

	1	2	3	4
1				
2				
3				
4				

②標本平均の相対度数の表を作ろう。

標本平均	1	1.5	2	2.5	3	3.5	4
相対度数	$\frac{}{16}$	$\frac{}{16}$	$\frac{}{16}$	$\frac{}{16}$	$\frac{}{16}$	$\frac{}{16}$	$\frac{}{16}$

③この表をヒストグラムにしよう。

※解答は202ページ

第14講

観測データが増えるほど、予言区間は狭くなる
—— 正規母集団の便利グッズ、標本平均

14-1 正規分布の標本平均の性質は美しい

　前講では、データを複数回観測してその標本平均をとって記録することを十分な回数繰り返し、それからヒストグラムを作ると母平均μの近くの数値が多くなる（つまり、母平均μの近くのヒストグラムが小高くなる）ことを説明しました。

　データxを複数回観測して作った標本平均を$\bar{x}$と書きます。この**標本平均$\bar{x}$のほうが、1回だけ観測したデータxに比べて、より母平均μの近くのデータ**だと信じてよいと前講では説明しました。

　このことは、第1部で解説した区間推定を標本平均を利用して行えば、さらに精度の高い推定が可能になるであろうことを示唆しています。しかし、区間推定では「95パーセント信頼区間」のように、「間違うリスク」（この場合は100−95＝5パーセント）を明確にしなくていけませんが、「間違うリスク」を明確にするには、母集団の分布とそこからのデータから作った標本平均のデータの分布についての正確な知識がないとできません。

　一般の母集団では、たとえ母集団自体の分布がわかっていても、標本平均の分布はそれとは変わってしまうので、推定に使うには不都合が生じます。もう一度、図表13−6を見てください。サイコロ投げで出る目のデータの母集団は、1〜6のどの数値の相対度数も同一です（これを専門の言葉で**一様分布**といいます）。ところが、2個の観測データから作る標本平均$\bar{x}$のヒストグラムは山形になりますから、すでに**母集団と同じ分布ではなくなっています**。

　3個の標本平均を作ると、さらに形が変わって丸みが出てきます。このよ

うに、サイコロ投げの母集団では、標本平均の分布（ヒストグラムの形）が変化していくので、「間違うリスク」を一定水準に保つのは簡単ではありません（正確にいうと「不可能ではないが実用的とはいえない」ということ）。

　ところが、このような不都合が生じないとても素性のいい分布があることが知られています。その1つが第1部でも解説した正規分布です。母集団が正規分布しているようなものを「**正規母集団**」といいますが、それには、
「正規母集団では、標本平均を作っても、その分布は正規分布のまま」
という見事な性質があるのです。

　この性質をきちんと数学的に証明するには、確率論と微分積分の高度な知識が必要ですし、「統計を使えるようにする」という本書の目的には不要なので、読者のみなさんにはこれは事実として受け入れていただくことにして先に進みましょう。正規母集団の今の性質を、もっと詳しくいうと次のようになります。

正規母集団からの標本平均の性質

　正規母集団の母平均を μ、母標準偏差を σ とするとき、そこから観測されるデータ x の n 個に対する標本平均 $\bar{x}$ の分布は、やはり正規分布である。$\bar{x}$ の分布の平均値は μ のままだが、標準偏差は $\dfrac{\sigma}{\sqrt{n}}$ となって、母集団に比べて $\sqrt{n}$ 分の1に縮む。

　それを図示したものが、図表14-1です。
　ここで標本平均 $\bar{x}$ の標準偏差というのは、「n個の具体的なデータ（標本）

図表14-1　正規母集団の標本平均の分布

母集団が正規分布の場合　　　　　　　　　標本平均の分布
　　　　　　　　　　　　　　　　（標本平均を集めて、それを母集団と見なしたものの分布）

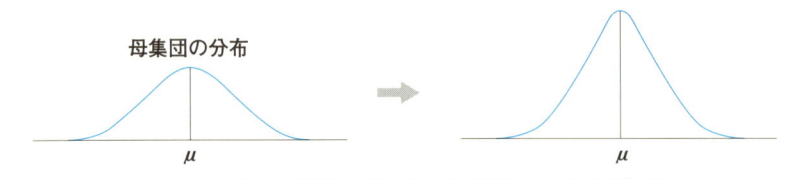

母集団の分布

μ　　　　　　　　　　　　　　　　　μ

正規分布であることは変わらず、平均も母平均に一致したまま、広がり具合だけが $\frac{1}{\sqrt{n}}$ に凝縮されることになる

から標準偏差を計算したものではない」ということに注意してください。ここでいう標本平均 $\bar{x}$ の標準偏差とは、n個のデータを観測することを無限に繰り返し、それから計算した無数の標本平均 $\bar{x}$ のヒストグラムを作り、それに対して計算した標準偏差なのです。いってみれば、無限の $\bar{x}$ から作った母集団の母分散みたいなものです。

それに対して、n個の具体的データ（標本）の標準偏差とは、n個を1セットのデータとして単純に計算したものに過ぎません（これは第16講の標本分散で登場します）。

図表14−1を見ればすぐわかると思いますが、正規分布の母集団に対して標本平均を作ると、つり鐘の形はより「そそり立つ」ようになります。これは、**平均値の近くのデータがより高い確率で観測され、平均値から遠いデータはより観測されにくくなる**ことを意味しているわけです。

ここでみなさんが他書と比較して混乱を起こさないために付記しておくと、「n個に対する標本平均 $\bar{x}$ の分布について、その平均値が母平均 μ と一致し、標準偏差が母標準偏差 σ を $\sqrt{n}$ で割ったものになる」という性質は、どのような分布の母集団でも成立します。証明もそれほど難しくありませんが、本書では割愛することにします。ただ、「標本平均の分布が母集団の分布と同じ形のままである」という性質は、正規分布と一部特例を省けば、ほとんど成立しません。

14-2 正規母集団からの標本平均についての、95パーセント予言的中区間

さて、第1部では、正規分布に従って観測されるデータを事前に予言するやり方を説明いたしました。それは、

一般正規分布の95パーセント予言的中区間

平均値が μ でS.D.が σ の正規分布の95パーセント予言的中区間は、
$(\mu - 1.96\sigma)$ **以上** $(\mu + 1.96\sigma)$ **以下**

というものでした。

これを正規母集団について言い換えると、「**母平均 μ から母標準偏差 σ の1.96倍の範囲内にあるデータが観測される**」と予言すれば、それは「**95パーセントの確率で的中する**」ということです。

この法則を、「正規母集団からn個のデータを観測する場合、その**標本平均に対する予言**をするならどの範囲をいえばいいか」、という形にバージョンアップすることにしましょう。n個の標本平均の分布では、平均値は母平均 μ から変化せず、標準偏差は母標準偏差 σ の $\sqrt{n}$ 分の1になるのですから、当然次のようになるはずです。

正規母集団からの標本平均の95パーセント予言的中区間

母平均が μ で母標準偏差が σ の正規母集団からのデータn個の標本平均に対する95パーセント予言的中区間は、

$\left(\mu - 1.96\dfrac{\sigma}{\sqrt{n}}\right)$ **以上** $\left(\mu + 1.96\dfrac{\sigma}{\sqrt{n}}\right)$ **以下**

また、区間推定するときの便宜のために以下のように、不等式の形式でも表現しておくことにしましょう。

正規母集団からの標本平均の95パーセント予言的中区間：不等式表示

母平均が μ で母標準偏差が σ の正規母集団からのデータn個の標本平均に対する95パーセント予言的中区間は、

$$-1.96 \leq \frac{\bar{x}-\mu}{\frac{\sigma}{\sqrt{n}}} \leq +1.96$$

を解いて得られる範囲である。

これは「正規分布に従うデータから母平均を引いてS.D.で割ると、標準正規分布するデータに加工される」という性質を利用したものです。

以上のことを図にしたのが、図表14-2となります。

図表14-2　正規母集団の標本平均への予言的中区間

正規母集団からの標本平均の分布についての一般法則

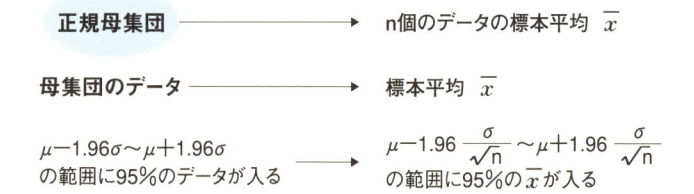

正規母集団 ──────→ n個のデータの標本平均 $\bar{x}$

母集団のデータ ──────→ 標本平均 $\bar{x}$

$\mu-1.96\sigma \sim \mu+1.96\sigma$　　　　$\mu-1.96\frac{\sigma}{\sqrt{n}} \sim \mu+1.96\frac{\sigma}{\sqrt{n}}$
の範囲に95％のデータが入る　　　　の範囲に95％の$\bar{x}$が入る

この法則を使えば、たとえば次のような「予言」が可能になります。

今、母集団が正規分布をしていると知っていて、その母平均が200で母標準偏差が10だとわかっていたとしましょう。

この母集団から1個だけデータを観測するとき、その数を「それが入る範囲」という形で事前に予言するなら、200−1.96×10＝180.4と200+1.96×10＝219.6を計算し、「**観測されるデータは、180.4以上219.6以下の範囲に入っている**」と予言すれば、95パーセントの確率で当たります。

また、この母集団から4個のデータを観測しその標本平均を作るとき、その標本平均の値を「それが入る範囲」という形で事前に予言するなら、200−1.96×(10÷$\sqrt{4}$)＝190.2と200+1.96×(10÷$\sqrt{4}$)＝209.8を計算し、「**観測される4個のデータの標本平均は、190.2以上209.8以下の範囲に入る**」と予言すれば、95パーセントの確率で当たります。

さらには、この母集団から16個のデータを観測しその標本平均を作るとき、その標本平均を「それが入る範囲」という形で予言するなら、200−1.96×

$(10 \div \sqrt{16}) = 195.1$と$200 + 1.96 \times (10 \div \sqrt{16}) = 204.9$を計算し、「**観測される16個のデータの標本平均は、195.1以上204.9以下の範囲に入る**」と予言すれば、95パーセントの確率で当たるわけです。

　この3つの予言の範囲を比較してみてください。1個、4個、16個と**標本平均を作る個数が増えるほど、予言する区間が狭くてすむ**ことが見てとれるでしょう。つまり、標本平均を作るための観測データの個数を多くすればするほど、より精度の高い予言（ピンポイントに近くて人を驚かせる予言）ができるようになる、ということなのです。これこそが標本平均を利用するメリットです。

[第14講のまとめ]

①正規母集団からの標本平均の性質

正規母集団の母平均を μ、母標準偏差を σ とするとき、そこから観測されるデータ x の n 個に対する標本平均 $\bar{x}$ の（それらを集めたものを別の母集団ととらえたときの）分布は、やはり正規分布である。

$\bar{x}$ の分布の平均値は μ のままだが、標準偏差は $\dfrac{\sigma}{\sqrt{n}}$ と母集団に比べて $\sqrt{n}$ 分の1に縮む。

②正規母集団からの標本平均の95パーセント予言的中区間

母平均が μ で母標準偏差が σ の正規分布からのデータ n 個の標本平均 $\bar{x}$ に対する95パーセント予言的中区間は、

$\left(\mu - 1.96\dfrac{\sigma}{\sqrt{n}}\right)$ 以上 $\left(\mu + 1.96\dfrac{\sigma}{\sqrt{n}}\right)$ 以下

③正規母集団からの標本平均の95パーセント予言的中区間：不等式表示

母平均が μ で母標準偏差が σ の正規母集団からのデータ n 個の標本平均 $\bar{x}$ に対する95パーセント予言的中区間は、

$$-1.96 \leq \dfrac{\bar{x} - \mu}{\dfrac{\sigma}{\sqrt{n}}} \leq +1.96$$

を $\bar{x}$ について解いて得られる範囲である。

[練習問題]

母集団を、日本の成人女性全体の身長データとしよう。
この母集団の母平均は160センチ、母標準偏差は10センチだとする。

①この母集団からデータを1個だけ取り出すとき、それを予言し95パーセントの確率で当てたいなら、
　　（　　　）－1.96×（　　　　）～（　　　）＋1.96×（　　　　）
　すなわち、（　　　）～（　　　）に入ると予言すればいい。

②この母集団からデータを4個だけ取り出して標本平均を作る。
　それを予言し95パーセントの確率で当てたいなら、
　　（　　　）－1.96×（　　　　）～（　　　）＋1.96×（　　　　）
　すなわち、（　　　）～（　　　）に入ると予言すればいい。

③この母集団からデータを25個だけ取り出して標本平均を作る。
　それを予言し95パーセントの確率で当てたいなら、
　　（　　　）－1.96×（　　　　）～（　　　）＋1.96×（　　　　）
　すなわち、（　　　）～（　　　）に入ると予言すればいい。

※解答は203ページ

第15講

母分散のわかっている正規母集団の母平均は？
——標本平均を使った母平均の区間推定

15-1 母平均や母分散を推定するには

　私たちが、ある特定の不確実現象に関して何かを知りたい場合の多くは、その母集団の母平均や母分散（あるいは母標準偏差でも同じ）を知ればよいことが多いのです。このことを第1部で解説した例から振り返ってみることにします。

　温度計で液体の温度を計測する場合、必ず計測誤差が伴うので、現実に計測された温度をそのまま「実際の液体の温度である」と考えるわけにはいきません。しかし、計測値というのが、「実際の温度を平均値とし、一定のS.D.を持っているような正規分布になる」ということが知られているので、母集団（計測値を仮想的にすべて集めた無限母集団）を考えれば、その母平均が実際の温度だと見なすことができます。つまり、**現実の計測値から実際の温度を推定するには、この正規母集団の母平均を推定すればいい**ということになるわけです。

　また、住宅物件を広告した際、問い合わせ人数から実際の見学者数を推定する例（第9講9-2参照）ではどうでしょうか。この例では、見学希望者が確率2分の1で電話問い合わせをしてくる、という経験則を仮定にしました。

　したがって、実際の見学希望者数をNとすると、母集団は「N個のコインを同時に投げて出る表の枚数を無限に集めたデータの集まり」とすればよいわけです。この母集団は母平均が $\dfrac{N}{2}$、母標準偏差が $\dfrac{\sqrt{N}}{2}$ の正規母集団だと近似的に考えていいことが知られています。

そうなると、母平均を推定できれば、その2倍が見学希望者数Nに関する推定になります。あるいは、母標準偏差を推定すれば、それは$\frac{\sqrt{N}}{2}$を推定したことになりますから、推定値を2倍して2乗すれば、その値はNの推定になります。

　以上の例で、**何か特定の不確実現象の素性を知りたい場合、正規母集団の母平均ないし母標準偏差を推定することがその代用になる**ことがわかるでしょう。

　さて、ここでは、「母分散がわかっている正規母集団」についてのその母平均を区間推定する方法を解説します。これは第1部の最後に解説したものを、標本平均を利用するものにバージョンアップするだけです。そこでも書いたことですが、「どうして母分散がわかっている母集団を仮定するのか」ということについて、再度弁解しておくことにしましょう。

　一番理想的な推定は、もちろん、「母集団の分布さえわからないときの推定」でしょう。これは、正直いって、全く不可能というわけではないけれど、「原理的に無理」というのは誰でも直感できるはずです。なぜなら、何も情報がないわけですから。それでも、方法があるにはあります。

　1つは、**大量にデータをとれば母集団がどんな分布でもその標本平均は正規分布に近くなるという性質**（中心極限定理と呼ばれます）**を利用すること**です。これは「**大標本の推定**」と呼ばれます。

　そしてもう1つは、**分布についての知識を仮定しない「ノンパラメトリック」という方法を利用すること**です。これらについては本書では扱わないので、勉強したい人は、専門書をひもといてください。

このケースを除くと、最も自然で最も実用的なのは、
「正規母集団だとわかっているが、母平均も母分散もわからないときの推定」
です。これは本書の最終目標ですが、これを行うためには標本平均だけでなく、標本分散の分布を利用する必要があり、しかもそれは残念ながら正規分布ではなく、カイ二乗分布とかt分布という新しい分布が絡んできます。そこで次の講から、これらの解説に突入することになるわけです。段取りとしては、次のような手順を1つ1つ踏んでいくことになります。

- 本講（第15講）「正規母集団だとわかっていて、母分散もわかっているときの母平均の推定」
- 第17講「正規母集団だとわかっていて、母平均がわかっているときの母分散の推定」
- 第19講「正規母集団だとわかっていて、母平均がわからないときの母分散の推定」
- 第21講「正規母集団だとわかっていて、母分散がわからないときの母平均の推定」

　第21講が、先ほど「最も自然にして最も実用的だ」といったバージョンですが、それを最終目的地として1つずつ理解していきましょう。
　第一歩として、「正規母集団だとわかっていて、母分散もわかっているときの母平均の推定」を本講では解説しましょう。

15-2 標本平均を使った母平均の区間推定

では、標本平均から母集団の母平均を推定する方法を解説しましょう（観測データ1個からの推定を説明した第1部第10講1-3を復習しておいてください）。

具体例を使って説明します。

例題1

コンビニのおにぎりを自動的に製造する機械がある。この機械はおにぎりの重さをいろいろ調節することができるが、もちろん機械だから重さには誤差が生じる。

できるおにぎりの重さの全データを母集団とするとき、それは正規母集団であって、母標準偏差が10グラムであることがわかっているものとする。そこで、25個だけおにぎりを作ってみたら、その標本平均は80グラムであった。

製造されるおにぎりの重さの母平均を95パーセント信頼区間で区間推定せよ。

解答と解説

この母集団から25個のデータを観測する（おにぎりを作って重さを計測する）とき、その標本平均 $\bar{x}$ の分布は、母平均 μ （これはわかっていない）を平均値とし、母標準偏差（これは10と知っている）を $\sqrt{25}$ で割った

$$\frac{\sigma}{\sqrt{25}} = \frac{10}{5} = 2$$

を標準偏差とする正規分布になります。

したがって、もし仮に25個のデータを観測する前に、その標本平均を予言するとしたら、不等式

$$-1.96 \leq \frac{\bar{x} - \mu}{2} \leq +1.96$$

を満たす $\bar{x}$ の範囲を予言すれば、95パーセントの確率で当たる予言となります。

区間推定ではこれを逆手にとり、「現実に観測した標本平均80グラムがこの範囲に入らないような μ は現実の母集団の母平均としてありえないとして

棄却する」というふうに考えます。
　したがって、不等式の$\bar{x}$のところに現実の観測値80を代入し、
$$-1.96 \leq \frac{80-\mu}{2} \leq +1.96$$
を満たす母平均μだけを、棄却せず残すのです。
　3辺に2を掛けて
　　$-1.96 \times 2 \leq 80 - \mu \leq +1.96 \times 2$
　3辺にμを加えて
　　$\mu - 1.96 \times 2 \leq 80 \leq \mu + 1.96 \times 2$
　左側の不等式を解けば、
　　$\mu \leq 80 + 1.96 \times 2$から$\mu \leq 83.92$
　右側の不等式を解くと
　　$80 - 1.96 \times 2 \leq \mu$から$76.08 \leq \mu$
　まとめると、
　　$76.08 \leq \mu \leq 83.92$
　この範囲にある母平均μは、棄却されずに残ることになるので、これが母平均μの区間推定の結果、すなわち、「**母平均μの95パーセント信頼区間**」となります。

　以上、具体例で解説した作業を、一般的にまとめることにしましょう。
　母集団は正規分布していることを知っていて、さらにその母標準偏差σの値も知識として持っているとしましょう。今、この母集団からのデータをn個観測しました。それらを
　　x_1、x_2、…、x_n
とします。
　このとき、
①n個のデータを観測して標本平均$\bar{x}$を計算することを繰り返すなら、$\bar{x}$の分布は平均値が（母平均と同じ）μで、S.D.は母集団のものより$\sqrt{n}$分の1に縮んで、$\frac{\sigma}{\sqrt{n}}$になる。

②したがって、n個のデータの標本平均が入る範囲を、データを観測する前

に予言するなら、平均からS.D.の1.96倍以下の離れ方である、という意味の

$$-1.96 \leq \frac{\bar{x} - \mu}{\frac{\sigma}{\sqrt{n}}} \leq +1.96 \quad \cdots (1)$$

という不等式を解くことで得られる「$\bar{x}$の範囲」を予言することで、95パーセントの確率で当たる予言を作れる。

③現実の観測データから、母集団の母平均μを逆に推定する場合は、「現実に観測した標本平均$\bar{x}$が予言の範囲に入るような母平均μを持つ母集団だけを妥当なもの」として残し、その他のμを持つ母集団を棄却する。

④（1）の不等式では、σとnは知っていて、$\bar{x}$も観測データから計算されているので、この不等式が成り立つμだけを、妥当な母平均の推定値として残す、とすればいい（図表15-1参照）。

⑤④の作業を具体的に行えば、

3辺に $\left(\frac{\sigma}{\sqrt{n}}\right)$ を掛けて、

$$-1.96 \times \frac{\sigma}{\sqrt{n}} \leq \bar{x} - \mu \leq +1.96 \times \frac{\sigma}{\sqrt{n}}$$

3辺にμを加え

$$\mu - 1.96 \times \frac{\sigma}{\sqrt{n}} \leq \bar{x} \leq \mu + 1.96 \times \frac{\sigma}{\sqrt{n}}$$

左側の不等式の両辺に$1.96 \times \frac{\sigma}{\sqrt{n}}$を加え

$$\mu \leq \bar{x} + 1.96 \frac{\sigma}{\sqrt{n}}$$

右側の不等式の両辺に$-1.96 \times \frac{\sigma}{\sqrt{n}}$を加え

$$\bar{x} - 1.96 \frac{\sigma}{\sqrt{n}} \leq \mu$$

この2つを合わせて

$$\bar{x} - 1.96 \frac{\sigma}{\sqrt{n}} \leq \mu \leq \bar{x} + 1.96 \frac{\sigma}{\sqrt{n}} \quad \cdots (2)$$

(2) の範囲を、

「**母平均 μ の95パーセント信頼区間**」

と呼ぶ。

このような区間を求めることを**母平均の区間推定**という。

図表15-1　母平均の区間推定とは

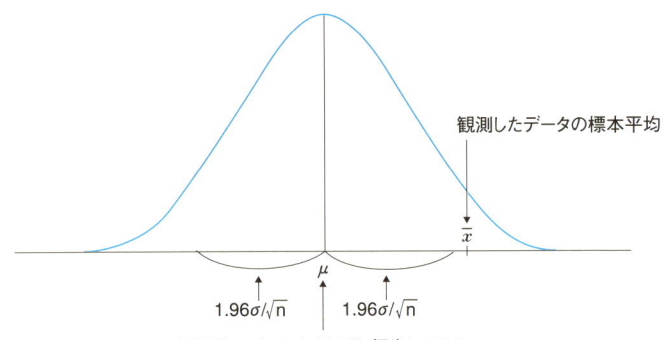

観測したデータの標本平均
$\overline{x}$

$1.96\sigma/\sqrt{n}$　$1.96\sigma/\sqrt{n}$

母平均 μ がこのあたりだと仮定してみる

これはありえない、と考える。このような μ は捨てる

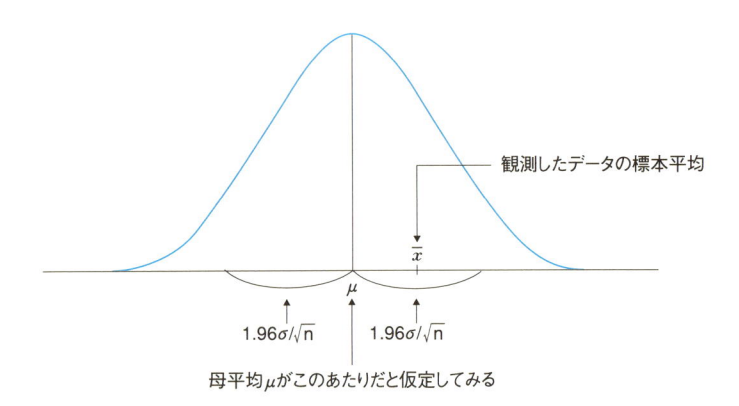

観測したデータの標本平均
$\overline{x}$

$1.96\sigma/\sqrt{n}$　$1.96\sigma/\sqrt{n}$

母平均 μ がこのあたりだと仮定してみる

ありうる、と考える。このような μ は残しておく

[第15講のまとめ]

①正規母集団で母標準偏差が σ （母分散が σ^2 ）とわかっている場合に、母平均 μ を n 個の標本から推定するには、標本平均 $\bar{x}$ を計算し、

$$-1.96 \leqq \frac{\bar{x} - \mu}{\frac{\sigma}{\sqrt{n}}} \leqq +1.96$$

を満たすような μ を（棄却しないで）残せばいい。

②このとき、μ の95パーセント信頼区間は、

$$\bar{x} - 1.96 \frac{\sigma}{\sqrt{n}} \leqq \mu \leqq \bar{x} + 1.96 \frac{\sigma}{\sqrt{n}}$$

[練習問題]

　ある人が血圧を計測しているとしよう。

　この人の血圧の計測値を母集団とすると、それは現在の実際の血圧 μ を母平均として、母標準偏差が10の正規分布をしているとする。

①この人が1回だけ血圧を測った。計測値は130であった。このとき、実際の血圧（＝母平均 μ）を区間推定しよう。

　それには不等式

$$-1.96 \leq \frac{(\quad) - \mu}{(\quad)} \leq +1.96$$

を満たす μ の範囲を求めればいい。

　これを解くと、95パーセント信頼区間は

　（　　　）$\leq \mu \leq$（　　　）となる。

②次に4回計測して、次の4個のデータを得たとしよう。

　131　　135　　140　　138

　この4個のデータの標本平均は、$\bar{x} =$（　　　）となる。

　また $\bar{x}$ の標準偏差は、10 ÷（　　　）＝（　　　）である。

　このとき、真実の血圧 μ を区間推定するには、不等式

$$-1.96 \leq \frac{(\quad) - \mu}{(\quad)} \leq +1.96$$

を満たす μ の範囲を求めればいい。

　これを解くと、95パーセント信頼区間は

　（　　　）$\leq \mu \leq$（　　　）となる。

※解答は203ページ

第16講

カイ二乗分布の登場
―― 標本分散の求め方とカイ二乗分布

16-1 標本分散の求め方

　第2部において、前講までは、標本平均を中心にして推定の話をしてきました。標本平均というのは、母集団から出てきて観測されたn個のデータから平均値を計算したものでした。標本平均は、「正規母集団の母平均を区間推定できる」という意味で**母平均を反映したもの**だということができます。

　観測されたデータを縮約して得られる統計量でもう1つ重要なのは、第1部でさんざん解説したように、**S.D.（標準偏差）**でした。

　それでは、正規母集団から出てきて観測されたn個のデータから計算したS.D.は、どんな性質を持っているのでしょうか。そしてそれは母標準偏差を反映したものなのでしょうか。本講では、このことについて答えていきたいと思います。

　ただし、ここでは、**観測データのS.D.ではなく、ルートをとる前の「分散」のほうを扱います**。その理由は、S.D.より分散のほうが、数学的に好都合なことが多いからです。

　観測データ（標本）から計算される分散を、「**標本分散**」と呼びます。標本分散を計算するステップは以下のようになります。

ステップ1　まず、**標本平均を計算**する。
ステップ2　次に**各標本から標本平均を引いて、偏差を作る**。
ステップ3　**各偏差を2乗して合計し、標本数で割り算する**。

　このように計算される標本分散は、s^2という記号で書かれます（母分散の

ほうはσ^2なので、記号としても異なっています）。

式で書くと、

$$（標本分散 s^2）= \frac{\{（偏差1）^2+（偏差2）^2+\cdots+（偏差n）^2\}}{n}$$

となります（ちなみに、これのルートをとるとS.D.になります）。

ここで1つお断りしておくことがあります。多くの統計学の教科書では、標本分散s^2を作るとき、標本数nではなく、それより1少ないn－1で割り算します。それは確率論的なとある理由によります。本書では確率論を割愛していますし、推定において技術的な問題も生じないので、nで割る定義のほうを採用しました。

標本が2つである場合の計算を図表16－1にまとめてあるので、参考にしてください。

図表16-1　標本分散の計算

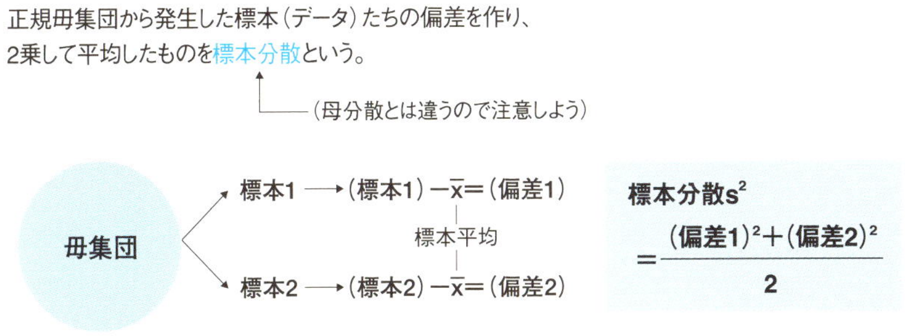

正規母集団から発生した標本（データ）たちの偏差を作り、
2乗して平均したものを標本分散という。

　　　　　　　　　└──（母分散とは違うので注意しよう）

母集団 → 標本1 →（標本1）－$\bar{x}$＝（偏差1）
　　　　　　　　　　　標本平均
　　　　　標本2 →（標本2）－$\bar{x}$＝（偏差2）

$$標本分散 s^2 = \frac{（偏差1）^2+（偏差2）^2}{2}$$

さて、正規母集団から出てくるデータたちは、正規分布の相対度数に依拠して、まちまちな値をとります。すなわち、つり鐘形のグラフで表される相対度数で観測されます。このようなデータn個から標本分散を計算することを繰り返すと、もちろん標本分散もまちまちな値をとります。

では、この標本分散はどのような分布をするのでしょうか。標本平均は平均が母平均と同じ μ、S.D.が母標準偏差 σ の $\sqrt{n}$ 分の1であるような正規分布をしていたわけですが、標本分散も同じようになるでしょうか。

標本分散も、母分散を反映する分布になることはなるのですが、残念ながらそれは正規分布ではありません。「正規分布にはならない」ということは次のように簡単にわかります。もう一度式を見てみましょう。

$$（標本分散 s^2) = \frac{\{(偏差1)^2 + (偏差2)^2 + \cdots + (偏差n)^2\}}{n}$$

ですが、**2乗して合計しますから、標本分散は決して負の数にはなりません。**

一方、正規分布というのは、負の値も（というか、すべての数が）出てきます。したがって、これだけでも正規母集団からの標本に対して計算した標本分散は、正規分布でなくなってしまうことが見てとれます。

16-2 カイ二乗分布とは何か

では、標本分散はどんな分布になるのでしょうか。これは今すぐ解説することはできず、少々回り道をする必要があります。いったん標本分散から離れて、まずは次のような新しい統計量を導入することとしましょう。

標本分散の式の中で、「2乗の和」という形式だけに注目します。さらに母集団の正規分布も標準正規分布に限定します。そして「**標準正規分布する母集団から出てきたn個のデータの2乗の和**」という統計量を分析することにするのです。

今、母集団が標準正規分布（平均が0でS.D.が1の正規分布）であるような**標準正規母集団**から3個のデータを観測し、そのデータを2乗して足し合わせた統計量を考えます。

具体的には、観測データ（標本）x_1、x_2、x_3 に対して、

$$V = x_1^2 + x_2^2 + x_3^2$$

と計算して、数値Vを作ります。たとえば+1、+3、-2の3つのデータが観測されたら、$V=(+1)^2+(+3)^2+(-2)^2=14$ となります。x_1、x_2、x_3は標本ですから、観測のたびにまちまちな値をとり、したがってVもまちまちな値をとり、平均値などと同じく統計量の一種となります。

さて、このVの分布をヒストグラムにしたものが、図表16-2です。

図表16-2　自由度3のカイ二乗分布

$V=x_1^2+x_2^2+x_3^2$ の分布はこんなふうになる

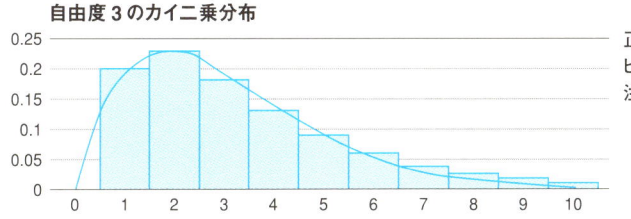

自由度3のカイ二乗分布

正規分布とは全く異なるヒストグラムになることに注意しよう

わかりやすさのために、棒グラフも書いてありますが、カイ二乗分布においてもどんな細かい数字のデータも出現可能なので、本当の分布は青い曲線のほうになります。

このヒストグラムを眺めてみればわかるように、分布はVが0以上の数値だけに限られ、比較的0に近いところに多くのデータが密集するような、つまり左から右に向かって急激に落ちていく、いわばジェットコースター的な形になっています。

この分布を、「**自由度3のカイ二乗分布**」といいます。

「**自由度**」というのは、テクニカルな用語なので、本書では深入りはしませんが、**この場合は「観測データ**

図表16-3　自由度nのカイ二乗分布

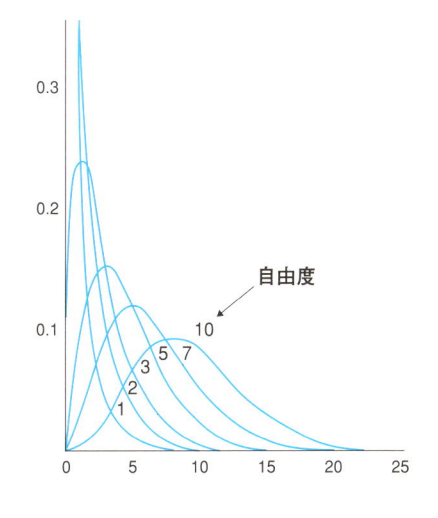

自由度

の数」（何個で2乗の和を作るか）を意味しています。同じように、標準正規母集団から3個ではなくn個のデータを観測し2乗して加えて統計量Vを作ると、Vの分布は「**自由度nのカイ二乗分布**」となります。これらの分布は、自由度nによって形が変わってきます。それを比較したのが、図表16-3となります（グラフの形は変わるのですが、それを表す関数は同種なので、統一的にカイ二乗分布と呼ばれているのです）。

　カイ二乗分布の特徴としては、
①0の近辺のデータの相対度数が大きい（つまり、ヒストグラムがジェットコースター形である）
があげられます。これは正規分布が（マイナスの数も含めた）0の近辺の数値の相対度数が大きいことを反映したものです。また、
②自由度n（観測データ数）が大きくなるにしたがって、山の高さが低くなりながらだんだん右のほうに進んでいく（ジェットコースターの傾斜が緩やかになる）
もあげられます。これは、nが大きくなると、0から少々離れたデータが出る相対度数が高まっていくことを表しているわけです。

　以上の事実をまとめると次のようになります（図表16-4も参照）。

自由度nのカイ二乗分布をするV
標準正規母集団からのn個の標本 x_1、x_2、… x_n に対して、
　　$V = x_1^2 + x_2^2 + \cdots + x_n^2$
のように統計量Vを作ると、Vは自由度nのカイ二乗分布をする。

図表16-4　Vは自由度nのカイ二乗分布をする

正規母集団からの標本分散の分布についての一般法則

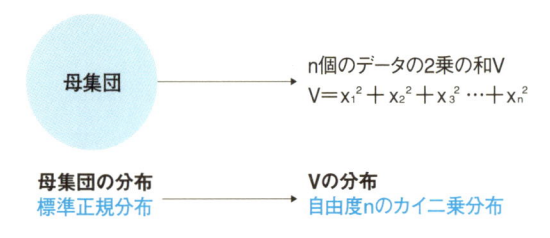

母集団 → n個のデータの2乗の和V
$V = x_1^2 + x_2^2 + x_3^2 \cdots + x_n^2$

母集団の分布 → Vの分布
標準正規分布 → 自由度nのカイ二乗分布

データがカイ二乗分布をする場合、それぞれの数値がどのような相対度数で現れるかは、数学者が表にしてくれています。

たとえば、図表16−5は自由度3のカイ二乗分布の相対度数表です。これは、次のように読みます。4のところは0.2614となっていますが、これは4以上の数値が出る相対度数が約0.2614であること、すなわち、自由度3のカイ二乗分布のデータは、**4以上のものが全体の約26.14パーセントを占める**ことを意味しているわけです。

図表16-5　自由度3のカイ二乗分布

x	x以上のVが観測される相対度数
0	1
1	0.8012
2	0.5724
3	0.3916
4	0.2614
5	0.1717
6	0.1116
7	0.0718
8	0.0460
9	0.0292
10	0.0185

このように、**数値 x のとなりに書いている数値は、「x 以上のデータが全体に対してどのくらいの比率を占めるか」を表している**わけです（一般にカイ二乗分布ではこのような形式で表が与えられることが多いのです）。図表16−5の10のところを眺めると、自由度3のカイ二乗分布では、10以上のデータが出現する相対度数がたったの1.8パーセントにすぎないこともわかります。これはカイ二乗分布のデータがいかに0の近辺ばかりに集中しているかを表していることの確認になるでしょう。

さて、最終的には最初に解説した**標本分散もこのカイ二乗分布になる**ことがわかるのですが、それをきちんと説明するためには、もう少しカイ二乗分布についての理解を深める必要があります。その解説は、第18講に譲りましょう。

この講の最後として、カイ二乗分布についての感覚を身につけていただくための簡単な問題を解いてみることにします。

例題

標準正規分布の母集団からデータを3回観測する。このとき、「観測された3つの数値の2乗の和は3以上6未満である」と予言した場合、この予言

はどのくらいの確率で当たるだろうか。図表16－5を利用して求めよ。

　図表16－5は、「自由度3のカイ二乗分布をするデータを観測するとき、**観測されたデータが x 以上である相対度数**」を表していることをもう一度念を押しておきます。

　標準正規分布をする母集団から観測されたデータ（標本）x_1、x_2、x_3に対して、$V = x_1^2 + x_2^2 + x_3^2$と統計量Vを計算します。このとき、Vは自由度3のカイ二乗分布に従います。このVが与えられたxに対して「$V \geq x$」となる相対度数を表にしたものが図表16－5でした。

　x＝3のところを読むと、「0.3916」ですが、これは「$V \geq 3$」ということが起きる相対度数を表しています。つまり、3以上であるような数値Vの相対度数は0.3916ということです。同じように、x＝6のところを読むと「0.1116」ですが、これは「$V \geq 6$」を満たすVの相対度数を表しています。

　したがって、前者から後者を引き算すれば、「$6 > V \geq 3$」の相対度数となるので、それは0.3916－0.1116＝0.28となります。この比率は、Vを計算して**3以上6未満となることが全体の28パーセントを占めている**ことを表すのですから、つまり「Vが3以上6未満である」という予言をしたとき、それ**が当たる確率は28パーセント**ということになります。

[第16講のまとめ]

①観測データ（標本）から計算される分散を、「標本分散」と呼ぶ。
②標本分散s^2を計算するステップは次のようになる。
ステップ1 まず、標本平均を計算する。
ステップ2 次に各標本から標本平均を引いて、偏差を作る。
ステップ3 各偏差を2乗して合計し、標本数で割り算する。
式で書くと、

$$（標本分散 s^2） = \frac{\{（偏差1）^2 + （偏差2）^2 + \cdots + （偏差n）^2\}}{n}$$

③（自由度nのカイ二乗分布をするV）
標準正規母集団からのn個の標本x_1、x_2、$\cdots x_n$に対して、それらを2乗して合計し、

$$V = x_1^2 + x_2^2 + \cdots + x_n^2$$

のように統計量Vを作ると、Vは自由度nのカイ二乗分布をする。
④カイ二乗分布をするVは、**0以上の値しか出てこない**。また、**0に近いところの数値の相対度数が大きく、0から離れる数値の相対度数は急激に小さくなる**。

[練習問題]

標準正規分布に従って得られるデータを3回観測する。このとき、観測された3つの数値の2乗の和が2以上7未満である相対度数を、図表16-5を利用して求めてみよう。

2以上の相対度数 =（　　　　　　　　）
7以上の相対度数 =（　　　　　　　　）
2以上7未満の相対度数 =（　　　　）－（　　　　）=（　　　　）

※解答は203ページ

第17講

母分散をカイ二乗分布で推定する
——いよいよ正規母集団の母分散を推定

17-1 カイ二乗分布の95パーセント予言的中区間

　前講では、標準正規母集団（母集団が $\mu = 0$、$\sigma = 1$ となる標準正規分布しているもの）からデータをn個観測して、それらのデータを2乗して加えたVという統計量を作ると、Vの分布は自由度nのカイ二乗分布というものになることを説明しました。

　さて、分布がはっきり得られると何が嬉しいかといえば、それは「**95パーセント的中するような予言**」ができるということでした。正規分布については、85ページや134ページでそのような予言の作り方を説明しました。同様に、カイ二乗分布についても、ある範囲を指定してその範囲にVが入る、と

図表17-1　自由度5のカイ二乗分布

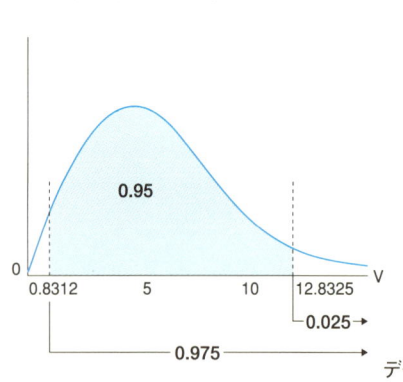

自由度	0.975	0.025
1	0.001	5.023
2	0.0506	7.377
3	0.2157	9.3484
4	0.4844	11.1433
5	0.8312	12.8325
6	1.2373	14.4494
7	1.6898	16.0128

0.8312以上のデータの相対度数が97.5％という意味
12.8325以上のデータの相対度数が2.5％という意味

いう予言を95パーセントの確率で的中させることが可能になります。

具体的には、図表17‒1を見てください。カイ二乗分布の95パーセント予言的中区間は、自由度によって異なります。これは自由度によって、分布の姿（ヒストグラムの形状）が異なるのだから当然のことです。

たとえば、標準正規母集団から5個のデータを観測して、その2乗の和の計算した統計量をVとすれば、Vは自由度5のカイ二乗分布をします。このVに対して、図表17‒1のように「0.8312≦V」となる相対度数が97.5パーセントで、「12.8325≦V」となる相対度数が2.5パーセントなわけですから、**「0.8312≦V＜12.8325」となる相対度数は97.5－2.5＝95パーセント**となる、という次第です。

ところで今、ギリギリの値12.8325は範囲に含めないようになっていますが、含めることにしても確率には影響を及ぼさないので、正規分布の予言的中範囲と合わせるために、含めるように書くことにします。そうすると、Vとしてとりうる数値のうち95パーセントは「0.8312≦V≦12.8325」に入るのですから、この範囲を予言すれば95パーセントの確率で当てることができます。このことは、ヒストグラム（図表17‒1の左側のグラフ）でいうと、「0.8312≦V≦12.8325」の相対度数が0.95であることに対応しています。

同じように、Vが自由度6のカイ二乗分布をすると知っているなら、図表の自由度6のところを見て、「1.2373≦V≦14.4494」を予言の範囲とすれば、それが95パーセント予言的中区間ということになります。

17-2　いよいよ正規母集団の母分散を推定

　95パーセント予言的中区間を作ることができたということは、これを区間推定に利用できることを意味します。母平均 μ、母標準偏差 σ の正規母集団からの標本 x から、$z = \dfrac{x - \mu}{\sigma}$

として統計量 z を作ると、**z が標準正規分布になる**ことから、σ を知っていれば μ の区間推定ができたことを思い出しましょう。

　もしも、x と μ と σ からカイ二乗分布する統計量を作ることができれば、同じような区間推定が可能になるはずです。

　正規母集団から n 個のデータ、x_1、x_2、…x_n の標本が観測されたら、それから母平均 μ を引き算し、母標準偏差 σ で割った数値に直し、

$$\dfrac{(x_1 - \mu)}{\sigma}、\dfrac{(x_2 - \mu)}{\sigma}、\cdots \dfrac{(x_n - \mu)}{\sigma}$$

を作ります。これらはみな、さきほどの統計量 z と同じものですから、標準正規分布に従います。したがってこれを 2 乗して足し合わせれば、カイ二乗分布する統計量 V が得られるのです。

　つまり、

一般正規母集団からのカイ二乗分布するVの作り方

　母平均 μ、母標準偏差 σ の正規母集団から n 個の標本 x_1、x_2、…x_n を観測し、

$$V = \left(\dfrac{x_1 - \mu}{\sigma}\right)^2 + \left(\dfrac{x_2 - \mu}{\sigma}\right)^2 + \cdots\cdots + \left(\dfrac{x_n - \mu}{\sigma}\right)^2$$

という形でVを計算すると、統計量Vは自由度nのカイ二乗分布をする。

　さてこれで、一般の正規母集団からの標本からカイ二乗分布する統計量を作り出すことができましたから、前項で解説した「**カイ二乗分布の95パーセント予言的中区間**」を利用すれば、**母分散を区間推定することができる**ようになります。

ただし、この講では、「**母平均 μ を知っている**」という不自然な状況での推定を説明します。これは取り急ぎ母分散の推定法を理解してもらうためであって、次の18講ではこの仮定をはずして、「母平均も知らない」という状況での推定に移りますから、その前置きとして読んでください。

推定の方法を具体例で解説することとしましょう。

例題

ある蝶の体長の母集団は、母平均が80ミリの正規母集団とわかっているとする。このとき、観測した3個体の体長が76ミリ、85ミリ、83ミリだった場合に、母分散 σ^2 の95パーセント信頼区間を求めよ。

まず、観測された3個の標本から統計量Vを作ります。

$$V = \left(\frac{x_1 - \mu}{\sigma}\right)^2 + \left(\frac{x_2 - \mu}{\sigma}\right)^2 + \left(\frac{x_3 - \mu}{\sigma}\right)^2$$

で観測値 $x_1 = 76$、$x_2 = 85$、$x_3 = 83$、および母平均 $\mu = 80$ がわかっているので、それを当てはめます。

$$V = \left(\frac{76-80}{\sigma}\right)^2 + \left(\frac{85-80}{\sigma}\right)^2 + \left(\frac{83-80}{\sigma}\right)^2 = \frac{(-4)^2}{\sigma^2} + \frac{5^2}{\sigma^2} + \frac{3^2}{\sigma^2} = \frac{16}{\sigma^2} + \frac{25}{\sigma^2} + \frac{9}{\sigma^2} = \frac{50}{\sigma^2}$$

このVは、(標本数が3個なので)自由度3のカイ二乗分布するデータの中の1つだと知っています。したがって、推定の基本的スタンスとして、「**私たちは95パーセント予言的中区間の中の数値を観測しているはずだ**」という考え方を受け入れることになります。

つまり、「σ を事前に知っていて、観測値から計算したVの値が95パーセント予言的中区間に入らないような σ は棄却してしまう」ということです。

棄却しないで受け入れる母集団の母分散 σ^2 は、図表17-1から、

$$0.2157 \leq \frac{50}{\sigma^2} \leq 9.3484$$

を満たさなくてはいけません(満たさない σ^2 は棄却されます)。

この不等式を解けば、**母分散 σ^2 の95パーセント信頼区間**が得られることになります。

$0.2157\sigma^2 \leq 50 \leq 9.3484\sigma^2$ ← 3辺にσ^2を掛けた──①

$\sigma^2 \leq \dfrac{50}{0.2157}$ ← ①の左の不等式を0.2157で割り算した──②

$\sigma^2 \leq 231.80$ ← 割り算を実行した──③

$\dfrac{50}{9.3484} \leq \sigma^2$ ← ①の右の不等式を9.384で割り算した──④

$5.34 \leq \sigma^2$ ← 割り算を実行した──⑤

$5.34 \leq \sigma^2 \leq 231.80$ ← ③と⑤を合わせた──⑥

以上によって、母分散σ^2に関する95パーセント信頼区間は、5.34以上231.8以下であるとわかりました。

つまり私たちは、観測された3個体の体長から、「母集団における体長の母分散は5.34以上231.80以下の数値であろう」と推定することになります。**これが、「母平均が既知のときの母分散の区間推定」ということになります。**

もちろん、この3辺をルートにすれば、母標準偏差σの区間推定が得られます。

すなわち、

$\sqrt{5.34} \leq \sigma \leq \sqrt{231.80}$ → $2.31 \leq \sigma \leq 15.22$

となります。

[第17講のまとめ]

①一般正規母集団からのカイ二乗分布するVの作り方
母平均 μ、母標準偏差 σ の正規母集団から n 個の標本 x_1、x_2、… x_n を観測し、

$$V=\left(\frac{x_1-\mu}{\sigma}\right)^2+\left(\frac{x_2-\mu}{\sigma}\right)^2+\cdots\cdots+\left(\frac{x_n-\mu}{\sigma}\right)^2$$

というVを計算すると、**統計量Vは自由度nのカイ二乗分布をする。**

②母平均 μ がわかっている正規母集団からの n 個のデータから、母分散 σ^2 を95パーセントの信頼区間を推定するには、次のステップで行えばいい。

ステップ1 n個のデータから①の方法でVを計算する。Vは(数字/σ^2)という形になる。

ステップ2 自由度nのカイ二乗分布の95パーセント予言的中区間を図表からa以上b以下という形式で求める。

ステップ3 $a\leq\left(\frac{\text{数字}}{\sigma^2}\right)\leq b$ という不等式をたて、これを σ^2 に関して解く。

[練習問題]

　ある蝶の体長の母集団は母平均が80ミリの正規母集団とわかっている。このとき、観測した4個体の体長が、76ミリ、77ミリ、83ミリ、84ミリだったとする。このとき母分散をσ^2とし、σ^2の95パーセント信頼区間を求めよ（図表17-1も参照）。

まず、Vを計算する。

$$V = \left(\frac{(\quad)-(\quad)}{\sigma}\right)^2 + \left(\frac{(\quad)-(\quad)}{\sigma}\right)^2 + \left(\frac{(\quad)-(\quad)}{\sigma}\right)^2 + \left(\frac{(\quad)-(\quad)}{\sigma}\right)^2$$

$$= \frac{(\quad)}{\sigma^2} + \frac{(\quad)}{\sigma^2} + \frac{(\quad)}{\sigma^2} + \frac{(\quad)}{\sigma^2} = \frac{(\quad)}{\sigma^2}$$

Vは自由度（　　　　）のカイ二乗分布に従うので、

$$(\quad) \leq \frac{(\quad)}{\sigma^2} \leq (\quad)$$

を満たすσ^2が、求めるものである。これを解くと

$$\frac{(\quad)}{(\quad)} \leq \sigma^2 \leq \frac{(\quad)}{(\quad)}$$

したがって、95パーセント信頼区間は、
$(\quad) \leq \sigma^2 \leq (\quad)$
となる。

※解答は203ページ

第18講

標本分散はカイ二乗分布する
——標本分散と比例する統計量Wの作り方

18-1 標本分散と比例する統計量Wの作り方

　前講では、正規母集団から観測された標本たちに対して、母平均μを引き算し、母標準偏差σで割り算して2乗和を作ることからカイ二乗分布する統計量Vを生み出し、この分布の95パーセント予言的中区間を利用して区間推定を行いました。ただしここでは、「母平均μを知っている」というやや不自然な仮定をおいて行いました。なぜなら、データから母平均を引き、母標準偏差で割ることで標準正規分布するように仕立てることができて、その2乗和がカイ二乗分布になるので、このような不自然な知識を必要としたわけです。

　ところで、このVという統計量を作るときに出てきた

$$\{(データ)-(母平均\mu)\}^2$$

という計算が、データのS.D.（＝標本標準偏差）を計算するときの途中に出てくる（偏差）^{2}という計算に似ていることに注目しましょう。

　この2つの計算の違いは、統計量Vではデータから「**母平均μを引いて**」いるが、標本分散s^2ではデータから「**標本平均$\bar{x}$を引いて**」偏差を作る、ということです。Vはうまい具合にカイ二乗分布をする統計量になったのですが、母平均μではなく標本平均$\bar{x}$を引いて2乗の和を作ると、この性質は崩れてしまうのでしょうか。

　実は非常に好都合なことに、**ほんのわずかな変更があるだけでカイ二乗分布であることは維持される**のです。

Vの式の母平均（μ）を標本平均（$\bar{x}$）に取り替えて

W＝ ｛(標本)－(標本平均)｝の2乗÷(母分散)の和

$$= \left(\frac{x_1-\bar{x}}{\sigma}\right)^2 + \left(\frac{x_2-\bar{x}}{\sigma}\right)^2 + \cdots + \left(\frac{x_n-\bar{x}}{\sigma}\right)^2 \quad \cdots (1)$$

というVとは別の統計量Wを作ります。

実は、このWもカイ二乗分布をすることがわかりますが、その前にこの**W が、標本分散 s^2 に比例する統計量である**ことを解説しておくことにします。

標本分散 s^2 は、

$$s^2 = \frac{(x_1-\bar{x})^2 + (x_2-\bar{x})^2 + \cdots + (x_n-\bar{x})^2}{n} \quad \cdots (2)$$

でした。ここで（1）と（2）の**分子が一致**していることに注目しましょう。したがって、標本分散にデータ数nを掛けて分母を払った式と、Wに母分散 σ^2 を掛けて分母を払った式とは同じになります。つまり、

標本分散 s^2 にデータ数 n を掛けたもの＝Wに母分散 σ^2 を掛けたもの

$n \times s^2 = \sigma^2 \times W$

という関係式が得られます。

要するに、**Wは標本分散に比例する統計量になっている**、ということなのです。だからWというものは何も新奇な統計量ではなく、標本分散をほんの少し加工した程度のものだということです。まとめると、

標本分散とWの関係式

① 標本分散 s^2 ＝W×（母分散 σ^2）÷n

② W＝（標本分散 s^2）×n÷（母分散 σ^2）

18-2 標本分散のカイ二乗分布は自由度が1つ下がる

前項でもいいましたが、実は、W＝{(標本)−(標本平均)}の2乗÷(母分散)の和として得られる統計量Wもうまい具合にカイ二乗分布に従うことが証明されています。ただし、自由度はデータ数ではなく、「**データ数引く1**」になることがVとの違いなのです。法則としてまとめると、

一般正規母集団からカイ二乗分布するWの作り方
母平均 μ、母標準偏差 σ の正規母集団から n 個の標本 x_1、x_2、… x_n を観測し、
　　W＝{(標本)−(標本平均)}の2乗÷(母分散)の和
　　$= \dfrac{(x_1-\bar{x})^2}{\sigma^2} + \dfrac{(x_2-\bar{x})^2}{\sigma^2} + \cdots + \dfrac{(x_n-\bar{x})^2}{\sigma^2}$

を作ると、Wは自由度（n−1）のカイ二乗分布に従う統計量になる。

　ポイントはただ1つで、n個の標本から作っているのですが、**自由度が「n−1」とデータ数nから1だけ小さくなっている**ことです。どうしてこうなるのかに興味がある人のために、おおざっぱな説明を［補足］に用意しました。気になる方はそこを読んでいただければいいですが、少々難解なので、読まなくても差し支えありません。私たちは単なる統計学のユーザーなのですから、数学者の成果を素直に信頼して先に進むのも正しいスタンスの1つでしょう。今の法則を標本分散に関していい直しましょう。
　前項でこの統計量Wは、標本分散に比例するということを解説しましたので、標本分散を知っているときに、それからカイ二乗分布に従うような量を作り出すこともできるのです。

一般正規母集団の標本分散からのカイ二乗分布するWの作り方
母平均 μ、母標準偏差 σ の正規母集団から n 個の標本を観測し計算した標本分散を s^2 とするとき、
　　W＝（標本分散s^2）×n÷（母分散 σ^2）
を作ると、Wは自由度（n−1）のカイ二乗分布に従う統計量になる。

図表18-1　標本分散はカイ二乗分布の親戚

標本分散（s^2）とWとの関係式

$$\frac{ns^2}{\sigma^2}=W \quad \text{つまり、} \quad \frac{（データ数）\times（標本分散）}{母分散}=W$$

ここで、Wは自由度（n−1）のカイ二乗分布に従うことを知っているので、
標本分散もおおよそカイ二乗分布だと見なしていい（実際、定数倍しか違っていない）

正規母集団 → 標本1、標本k、標本n ｝標本分散s^2 → 何倍かすればカイ二乗分布になる。

最後に、例題で統計量Wの感覚を身につけてもらいましょう。

例題

正規母集団から観測された標本が1、5、7、9、13だった。このとき、統計量Wを計算せよ。
また、それはどのような分布の中のデータとなるのか。

解答

Wを求めるプロセス

正規母集団からの5個のデータは、1、5、7、9、13である。

標本平均 $\bar{x}=\dfrac{1+5+7+9+13}{5}=7$

標本分散

$s^2=\dfrac{(1-7)^2+(5-7)^2+(7-7)^2+(9-7)^2+(13-7)^2}{5}=\dfrac{(-6)^2+(-2)^2+0^2+2^2+6^2}{5}=\dfrac{80}{5}=16$

（標本標準偏差 $s=4$ となるということ）

したがって、

$W=\dfrac{ns^2}{\sigma^2}=\dfrac{5\times 16}{\sigma^2}=\dfrac{80}{\sigma^2}$　これは自由度（5−1）＝4のカイ二乗分布をする！

あるいは直接、次のように求めてもよい。

$$W = \frac{(1-7)^2 + (5-7)^2 + (7-7)^2 + (9-7)^2 + (13-7)^2}{\sigma^2} = \frac{80}{\sigma^2}$$

[第18講のまとめ]

① 新しい統計量Wは以下のように定義される。

W＝{(標本)－(標本平均)}の2乗÷(母分散)の和

$$= \frac{(x_1 - \bar{x})^2}{\sigma^2} + \frac{(x_2 - \bar{x})^2}{\sigma^2} + \cdots + \frac{(x_n - \bar{x})^2}{\sigma^2}$$

② 標本分散とWの関係式

(ⅰ) 標本分散s^2＝W×(母分散σ^2)÷n
(ⅱ) W＝(標本分散s^2)×(データ数n)÷(母分散σ^2)

③ 一般正規母集団からカイ二乗分布するWの作り方

母平均μ、母標準偏差σの正規母集団からn個の標本x_1、x_2、…x_nを観測し、

W＝{(標本)－(標本平均)}の2乗÷(母分散)の和

$$= \frac{(x_1 - \bar{x})^2}{\sigma^2} + \frac{(x_2 - \bar{x})^2}{\sigma^2} + \cdots + \frac{(x_n - \bar{x})^2}{\sigma^2}$$

を作ると、Wは自由度（n－1）のカイ二乗分布に従う統計量になる。

④ 一般正規母集団の標本分散からのカイ二乗分布するWの作り方

母平均μ、母標準偏差σの正規母集団からn個の標本を観測し計算した標本分散をs^2とするとき、

W＝（標本分散s^2）×（データ数n）÷（母分散σ^2）

を作ると、Wは自由度（n－1）のカイ二乗分布に従う統計量になる。

[練習問題]

正規母集団から4個のデータを抽出したら、
3、9、11、17
であった。このとき、標本平均は $\bar{x}$ =（　　　）
次に、標本分散を計算しよう。

$$s^2 = \frac{()^2+()^2+()^2+()^2}{()} = ()$$

したがって、標本標準偏差 s =（　　　）である。
次に母分散 σ^2 を使って、Wを計算しよう。

$$W = \frac{ns^2}{\sigma^2} = \frac{() \times ()}{\sigma^2} = \frac{()}{\sigma^2}$$

このWは、自由度（　　　）のカイ二乗分布に従うデータとなる。

※解答は203ページ

[補足] WがVより自由度が1だけ下がる理由

2つの統計量VとWは、

$$V = \frac{(x_1 - \mu)^2}{\sigma^2} + \frac{(x_2 - \mu)^2}{\sigma^2} + \cdots + \frac{(x_n - \mu)^2}{\sigma^2}$$

$$W = \frac{(x_1 - \bar{x})^2}{\sigma^2} + \frac{(x_2 - \bar{x})^2}{\sigma^2} + \cdots + \frac{(x_n - \bar{x})^2}{\sigma^2}$$

のように定義され、その違いは母平均 μ を引くか、標本平均 $\bar{x}$ を引くか、にありました。

Vのほうは、まさにこの計算で標準正規分布するデータの2乗和が作られるので、カイ二乗分布の定義にそのまま当てはまったわけですが、Wのほうは $\bar{x}$ を引く分が違うので、標準正規分布が出てくるかどうか明白ではないですね。

ところがWもうまく変形すると、「標準正規分布に従うデータの2乗和」だと判明するのですが、それを一般的に行うには大仰な数学の道具を使った式変形が必要なので、ここではごく簡単な場合を計算して、雰囲気だけ味わってもらうことにしましょう。

標本が2個の場合の式変形をやってみます。

観測された標本を x_1 と x_2 とします。すると、標本平均は

$$\bar{x} = \frac{(x_1 + x_2)}{2}$$ となります。

このとき、(標本) − (標本平均) = (偏差) を計算すると、

$$x_1 - \bar{x} = x_1 - \frac{(x_1 + x_2)}{2} = \frac{(x_1 - x_2)}{2}$$

$$x_2 - \bar{x} = x_2 - \frac{(x_1 + x_2)}{2} = \frac{(x_2 - x_1)}{2}$$

となります。

この2乗の和を作って、母分散 σ^2 で割るとWですから、

$$2乗の和 = \left\{\frac{(x_1 - x_2)}{2}\right\}^2 + \left\{\frac{(x_2 - x_1)}{2}\right\}^2 = \frac{\{2x_1^2 - 4x_1 x_2 + 2x_2^2\}}{4}$$

$$= \frac{(x_1 - x_2)^2}{2}$$

$$W = \frac{(x_1-x_2)^2}{(2\sigma^2)} = \frac{\{(x_1)+(-x_2)\}^2}{(2\sigma^2)} = \left\{\frac{(x_1)+(-x_2)}{\sqrt{2}\sigma}\right\}^2$$

　この式に中のx_1の分布は平均値μの正規分布で、$-x_2$の分布は平均値$(-\mu)$の正規分布ですから、足し合わせた$(x_1)+(-x_2)$は平均値0の正規分布です（本書では証明はしていませんが、「和の平均値＝平均値の和」という法則を使いました）。

　さらに、x_1の分布は分散σ^2の正規分布で、$-x_2$の分布も分散σ^2の正規分布なので、足し合わせた$(x_1)+(-x_2)$は、分散$2\sigma^2$、つまりS.D.が$\sqrt{2}\sigma$の正規分布となります（本書では証明はしていませんが、「和の分散＝分散の和」という法則を使いました）。

　したがって、$(x_1)+(-x_2)$から平均値0を引き、S.D.の$\sqrt{2}\sigma$で割った

$\dfrac{(x_1)+(-x_2)}{\sqrt{2}\sigma}$ は、標準正規分布に従う

とわかります。これより、それを２乗して得られているＷは、自由度１のカイ二乗分布に従うことが突き止められました。

　ここで元のデータ数は２個でしたが、**自由度が１減ってしまっている**ことに注目してください。この「からくり」をかいつまんでいうと次のようになります。

「Ｗがどうしてカイ二乗分布になるのか」というのは、Ｗが式変形されて標本同士の引き算が現れ、平均を０にしてしまうため、Ｖで母平均を引き算したのと同じ効果（平均が０となる効果）が得られることによります。次に、「Ｗの自由度がどうしてデータ数から１だけ小さくなってしまうのか」というのは、**Ｗ＝（　　）^{2}＋（　　）^{2}をＶ型に変形すると（　　）^{2}となってしまう。つまり、（　　）^{2}＋…＋（　　）^{2}の２乗の個数が１個分だけ少なくなる**からなのです。

　以上のことは２個でなく一般のｎ個の場合でもおおよそ同じように議論することができますが、その場合、具体的な計算では手がつけられないので、もっと強力な数学の武器を要します。

第19講

母分散は、母平均を知らなくても推定できる
―― 母平均が未知の正規母集団を区間推定

19-1 母平均を知らないで母分散を推定しよう

　前講で、標本分散 s^2 と比例している統計量Wが、カイ二乗分布をすることがわかりました。標本分散の計算には母平均 μ を使わず、代わりに標本平均 $\bar{x}$ を使うので、Wの分布を使うためには母平均を知らなくて構いません。このため、やっと念願の推定方法が初めて手に入ることになります。

　つまり、「**正規母集団について、余計な知識を何も仮定せずに推定する**」という方法論です。

　本講では、「**母平均も母分散も未知の正規母集団から出てきた標本から母分散（あるいは母標準偏差）**」**を推定する**という区間推定の方法を解説することにしましょう。

　ここで勘のいい読者は、次のような疑問を持つかもしれません。
「なぜ母分散を先にやるのだろう、母平均の推定を先にするのが自然じゃないだろうか」。

　もちろんその通りです。母平均のほうが基本的な母数ですから、そちらを先に行いたいのはやまやまなのです。しかし、実は今の段階（正規分布とカイ二乗分布しか知らない段階）では、これを行うのには知識が足りません。母平均の推定をするには、ｔ分布というさらに新しい分布のことを勉強する必要があります。それは第20、21講を使って解説いたしますので、まずはここで先に母分散の推定のほうを完成しておくことにしましょう。

　これまでの講義で、正規母集団から観測されたｎ個の標本から、標本分散 s^2 を作り、それをWという統計量に変換すれば、それは**自由度（n－1）の**カイ二乗分布をすることがわかりました。

カイ二乗分布については、95パーセント予言的中区間を知っていますから、これより母分散の区間推定が可能になります。それは以下のような段取りで実行すればよいのです。

ステップ1
n個の観測されたデータからまず標本平均$\bar{x}$を計算する。
次にそれを使って偏差を作り、その2乗和をnで割って、標本分散s^2を計算する。

ステップ2
標本分散s^2にnを掛けて母分散σ^2で割って統計量Wを作る。

ステップ3
自由度（n－1）の95パーセント予言的中区間を調べる。

ステップ4
Wがステップ3の区間に入るようなσ^2を残し、入らないσ^2を棄却して、母分散σ^2の95パーセント信頼区間を求める。

　すぐわかるように、ステップ1とステップ2において、nで割ってnを掛ける、という無駄な計算をしているので、実用的には合体した次の手順を代わりに用いてもかまいません。

ステップ1＋2
n個の観測されたデータからまず標本平均x̄を計算する。次にそれを使って偏差を作り、その2乗和を母分散σ²で割って統計量Wを作る。

このようなステップによって、やっと念願の「正規分布であること以外は未知の母集団の母数を推定すること」が実現しました。それが可能となったのは、**標本平均を使ってもカイ二乗分布に従う統計量Wが得られることがわかった**からなのでした。

19-2 母分散の推定の具体例

では、Wを使った母分散の推定の具体例をやってみましょう。

例題

ある蝶の体長を正規母集団とする。観測した5個体の体長が76ミリ、85ミリ、82ミリ、80ミリ、77ミリだったとき、母分散 σ^2 の95パーセント信頼区間を求めよ。

解答

推定したい母分散 σ^2 を含んだ統計量Wを、観測した5個のデータから計算し、それが自由度（5－1）＝4のカイ二乗分布に従うことから、そのWの数値が95パーセント予言的中区間に入らない σ^2 は棄却する、ということをして生き残る σ^2 を推定の結果とする、という手続きをとります。

やってみましょう。

ステップ1

標本平均を計算します。

$$\bar{x} = \frac{76+85+82+80+77}{5} = 80$$

標本分散を計算します。

$$s^2 = \frac{(-4)^2+(+5)^2+(+2)^2+0^2+(-3)^2}{5} = 10.8$$

ステップ2

Wを作ります。

$$W = \frac{ns^2}{\sigma^2} = \frac{5 \times 10.8}{\sigma^2} = \frac{54}{\sigma^2}$$

ステップ3

自由度（5 − 1 =） 4のカイ二乗分布の95パーセント予言的中区間は図表17 − 1 より

0.4844〜11.1433

ステップ4

不等式を解こう。

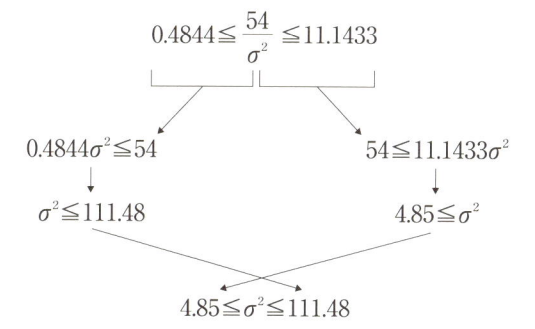

$$0.4844 \leq \frac{54}{\sigma^2} \leq 11.1433$$

$0.4844\sigma^2 \leq 54$　　　　　　　　$54 \leq 11.1433\sigma^2$

$\sigma^2 \leq 111.48$　　　　　　　　　　$4.85 \leq \sigma^2$

$$4.85 \leq \sigma^2 \leq 111.48$$

これによって、蝶の体長の母分散の95パーセント信頼区間は、

$4.85 \leq \sigma^2 \leq 111.48$

と求めることができました。この解答を見て、「ちょっと数値が大きすぎるのではないか」と思った方は、これが「分散」であることを忘れています。

蝶の体長が平均からどのくらい広がっているか、という**散らばりを表す指標は母標準偏差**であり、それは**母分散をルート**にすることで得られますから、

$$\sqrt{4.85} \leq \sigma \leq \sqrt{111.48}$$

を電卓で計算し、母標準偏差は

$2.2 \leq \sigma \leq 10.6$

と推定できるわけです。

[第19講のまとめ]

母平均が未知の正規母集団の母分散を区間推定する方法は、

ステップ1　n個の観測されたデータからまず標本平均$\bar{x}$を計算する。次にそれを使って偏差を作り、その2乗和をnで割って、標本分散s^2を計算する。

ステップ2　標本分散s^2にnを掛けて母分散σ^2で割って統計量Wを作る。

ステップ3　自由度（n−1）の95パーセント予言的中区間を調べる。

ステップ4　Wがステップ3の区間に入るようなσ^2を残し、入らないσ^2を棄却して、母分散σ^2の95パーセント信頼区間を求める。

[練習問題]

ある蝶の体長を正規母集団とする。観測した4個体の体長が、76ミリ、77ミリ、83ミリ、84ミリだったとする。このとき、母分散 σ^2 の95パーセント信頼区間を求めよ。

まず、標本平均は（　　）である。次に標本分散を計算する。

$$s^2 = \frac{\{(\quad)-(\quad)\}^2+\{(\quad)-(\quad)\}^2+\{(\quad)-(\quad)\}^2+\{(\quad)-(\quad)\}^2}{(\quad)}$$

$$= \frac{(\quad)^2+(\quad)^2+(\quad)^2+(\quad)^2}{(\quad)} = (\quad\quad)$$

さらにWを計算しよう。

$$W = \frac{(\quad\quad)}{\sigma^2}$$

Wは自由度（　　）のカイ二乗分布に従うので、

$$(\quad\quad) \leq \frac{(\quad\quad)}{\sigma^2} \leq (\quad\quad)$$

を満たす σ^2 が、求めるものである。
これを解くと

$$\frac{(\quad\quad)}{(\quad\quad)} \leq \sigma^2 \leq \frac{(\quad\quad)}{(\quad\quad)}$$

したがって、95パーセント信頼区間は、

$$(\quad\quad) \leq \sigma^2 \leq (\quad\quad)$$

となる。

※解答は203ページ

第20講

いよいよt分布の登場
—— 母平均以外は「現実に観測された標本」で計算できる統計量

20-1 いよいよ登場の t 分布

　前講において、私たちは母分散についての自然な推定が可能になったことを見ました。それは、母集団について正規分布であるという知識しか持たないで、母集団の特性を表す重要な母数である母分散 σ^2（あるいは母標準偏差 σ）を推定してしまうことのできる技術でした。

　いかにしてこんなことが可能になったのかを振り返ってみましょう。

　正規母集団から n 個のデータ $x_1, x_2, \cdots, x_n$ を具体的に観測したとき、それらの標本平均 $\bar{x}$ はこれらのデータから簡単に計算できる統計量です。したがって、n 個の偏差 $x_1 - \bar{x}$、$x_2 - \bar{x}$、$\cdots$、$x_n - \bar{x}$ も具体的にデータだけから計算できる統計量です。

　ところがこれらの2乗和を母分散 σ^2 で割ったWという統計量が、カイ二乗分布という相対度数が完全に知られている分布になったので、その95パーセント予言的中区間を使うことで、σ^2 の区間推定が可能になったのでした。

　つまり、母分散 σ^2 以外は現実に観測された標本たちだけを使って計算できる統計量で、その分布がはっきりとわかるようなものを見つけたから、うまくいったわけです。

　では、同じように母集団について正規分布であるという知識しか持たないで、母集団の特性を表すもう1つの重要な母数である**母平均 μ を推定する**こともできるでしょうか。

　上記の分析を踏まえれば、**母平均 μ 以外は現実に観測された標本たちだけを使って計算できる統計量で、その分布がはっきりとわかるようなもの**を見つければ可能だとわかります。このような統計量を発見したのが、イギリス

のゴセットという化学者です。学術雑誌に投稿したとき、「スチューデント」という謙虚なペンネームを使ったので、今では**「スチューデントのt分布」**という名前で呼ばれる「T」という統計量なのです。統計量Tがどのようなものか、理屈はさておき、先に統計量そのものを見てしまうことにしましょう。

統計量Tは以下のような手順で計算されます。

正規母集団からn個のデータ x_1、x_2、…、x_n を具体的に観測したとします。

ステップ1 n個のデータの標本平均 $\bar{x}$ を計算します。

($\bar{x} = \dfrac{x_1 + x_2 + \cdots x_n}{n}$ と計算すると前で説明しました)

ステップ2 n個のデータの標本標準偏差sを計算します。

($s = \sqrt{\dfrac{(x_1-\bar{x})^2 + (x_2-\bar{x})^2 + \cdots (x_n-\bar{x})^2}{n}}$ と前で説明しました)

ステップ3 標本平均 $\bar{x}$ から母平均 μ を引いて、標本標準偏差sで割り、データ数から1を引いた数のルートである $\sqrt{n-1}$ を掛けます。これが**統計量T**となります。

$$T = \dfrac{(\bar{x} - \mu)\sqrt{n-1}}{s} \quad \cdots ①$$

以上で計算されるTという統計量は、その計算から、**母平均 μ 以外はすべて観測されたデータだけから計算される**ことが見てとれるでしょう。したがって、このTの分布がはっきりわかるなら、95パーセント予言的中区間を作

ることができ、それを利用すれば母平均 μ を（母分散 σ^2 や母標準偏差 σ を知らないまま）区間推定できるだろうとわかります。

ここで、この「統計量Tのココロ」を少しだけ解説しましょう。母平均 μ、母標準偏差 σ の正規母集団から観測した n 個のデータ x_1、x_2、…、x_n の標本平均 $\bar{x}$ の分布が、平均 μ、標準偏差 $\frac{\sigma}{\sqrt{n}}$ の正規分布に従うことは、第14講14－1で解説しました。したがって、$\bar{x}$ から平均値 μ を引いて、標準偏差 $\frac{\sigma}{\sqrt{n}}$ で割った統計量 $z = \frac{(\bar{x} - \mu)}{\frac{\sigma}{\sqrt{n}}}$ は標準正規分布に従い、σ を知っているのなら区間推定が可能になったのでした（第15講参照）。

しかし、母集団については**母標準偏差 σ がわからないのが一般的な状況**です。だから、ゴセット以前の学者たちは、σ の代わりに標本標準偏差 s を利用して、$\frac{(\bar{x} - \mu)}{\frac{s}{\sqrt{n}}} = \frac{(\bar{x} - \mu)\sqrt{n}}{s}$ という統計量を作り、同じ方法で μ を推定していたのです。

確かに σ の代わりに s を用いても、標本数 n が大きいならこれも正規分布と見なすことができるので、正しい推定になり、問題はありませんでした。

ところが、標本数 n が小さいときは、正規分布と無視できないくらい大きなズレが生じることにゴセットは気づいたのでした。

そこで、この分布を正確に求める努力を行い、ついに t 分布の発見に至ったわけです。（①において、統計量Tの分子のルートの中身が n でなく n－1 となっているのは、自由度の関係なのですが、細かいことなので気にしなくていいです）。

ところで t 分布の正式な定義は、実はこの①の統計量Tによるものとは異なっています。正式な定義は、「標準正規分布」と「カイ二乗分布」から行われるのですが、それがどのようなものでどうして今の①式のTという計算と一致するのか、ということについては、20－4項で説明します。

20-2　t分布のヒストグラム

統計量 $T = \dfrac{(\bar{x} - \mu)\sqrt{n-1}}{s}$ の分布を「**自由度 n − 1 の t 分布**」と呼びます。その分布は、正規分布に非常に似たものになり、ヒストグラム（連続なので曲線になります）は図表20-1のようになります。

図表20-1　t 分布と正規分布

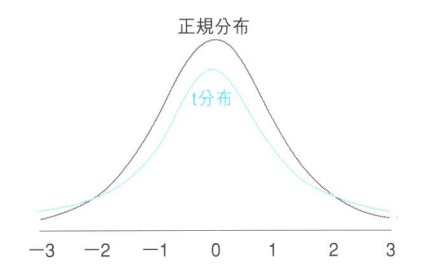

ほとんど正規分布のグラフとそっくりですが、正規分布よりもやや緩い山型になっていることが知られています。つまり、**正規分布よりやや頂上が低く、その分、裾野のところが高いの**です。

図表20-2　t 分布はどのような分布か

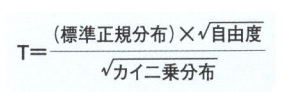

$$T = \frac{(標準正規分布) \times \sqrt{自由度}}{\sqrt{カイ二乗分布}}$$

というふうにデータを加工するとTはt分布という特殊な分布となる。

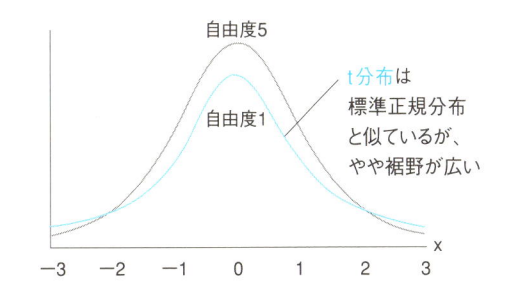

t分布は標準正規分布と似ているが、やや裾野が広い

また、図表20 − 2を見るとわかりますが、自由度（標本数 − 1）が大きくなるにしたがって、だんだん山がそそり立つようになります（0の近くの相対度数が大きくなるということ）。

t分布の相対度数は、ゴセットや他の数学者によって正確に計算されています。したがって、正規分布やカイ二乗分布と同じく、95パーセント予言的中区間を作ることができます。それについては次の第21講で解説することにします。

20-3 統計量Tの計算

統計量Tの具体的な計算例を示しておきましょう（ここでは便宜的に母平均μはわかっているものとしますが、もちろん、次講で行う区間推定は、「未知のμ」を推定するので、本当は知らないはずのものなのです）。

例題 母平均$\mu=6$の正規母集団から、5個のデータ1、5、7、9、13が観測された。このとき、統計量Tを計算せよ。

ステップ1 5個のデータの標本平均$\bar{x}$を計算します。

$$\bar{x}=\frac{1+5+7+9+13}{5}=7$$

ステップ2 5個のデータの標本標準偏差sを計算します。

$$s^2=\frac{(1-7)^2+(5-7)^2+(7-7)^2+(9-7)^2+(13-7)^2}{5}$$

$$=\frac{(-6)^2+(-2)^2+0^2+2^2+6^2}{5}=16$$

$$s=\sqrt{16}=4$$

ステップ3 統計量Tを計算します。

$$T=\frac{(\bar{x}-\mu)\sqrt{n-1}}{s}=\frac{(7-6)\sqrt{5-1}}{4}=0.5$$

これで統計量Tが計算できました。

20-4 t分布の正式な定義について

t分布の定義

t分布の正式な定義は次のようになります。

標準正規分布するデータzと、（それと独立で）自由度kのカイ二乗分布をするデータWから

$$T=\frac{z\sqrt{k}}{\sqrt{W}} \quad \cdots ②$$

$=$（標準正規分布のデータz）$\times\sqrt{(Wの自由度k)}\div\sqrt{(カイ二乗分布W)}$

と計算される**統計量Tは自由度kのt分布をする**。

言葉で説明すると、何か標準正規分布するデータとカイ二乗分布するデータがあったら、前者を後者のルートで割って、仕上げに後者の自由度のルートを掛ける、それでt分布ができあがり、ということです。(「独立」という条件はこの際気にしないことにしましょう)。本講の20-1の①式で定義した統計量Tが、上の②で定義されたTの一種になることを、具体的な計算で見てみます。

正規母集団の母平均を μ とし、母分散を σ^2 とします。このとき、n個の標本から計算した標本平均 $\bar{x}$ は、平均 μ、標準偏差 $\frac{\sigma}{\sqrt{n}}$ の正規分布に従います。

したがって、標本平均からその平均値 μ を引いてその標準偏差 $\frac{\sigma}{\sqrt{n}}$ で割ったもの

$$U = \frac{(\bar{x}-\mu)}{\frac{\sigma}{\sqrt{n}}} \quad \cdots (1)$$

は、**標準正規分布に従う統計量**になります。

他方、標本分散 s^2 にデータ数nを掛けて母分散 σ^2 で割った

$$W = \frac{s^2 n}{\sigma^2} \quad \cdots (2)$$

は、**自由度(n-1)のカイ二乗分布に従う**ことを168ページで解説しました。

したがって、(1)で得られた標準正規分布に従うUと(2)で得られたカイ二乗分布に従うWを(t分布の定義)の所定の位置に代入して得られる**T**は、**t分布に従います**。

代入して、具体的な計算を実行したものが図表20-3のようになります。約分などで文字が消え、きれいになる様子を観察してください。

図表20-3　t分布の計算式

$$\frac{U\sqrt{n-1}}{\sqrt{W}} = \frac{\left(\frac{\bar{x}-\mu}{\sigma/\sqrt{n}}\right)\sqrt{n-1}}{\sqrt{\frac{s^2 n}{\sigma^2}}}$$

$$= \left(\frac{\bar{x}-\mu}{\sigma/\sqrt{n}}\right)\sqrt{n-1}\,\frac{\sigma}{s\sqrt{n}}$$

$$= \frac{(\bar{x}-\mu)\sqrt{n-1}}{s}$$

うっとうしい計算でしたが、確かに $\frac{(\bar{x}-\mu)\sqrt{n-1}}{s}$ という計算は、変形すれば、

(標準正規分布のデータz)×$\sqrt{(Wの自由度k)}$÷$\sqrt{(カイ二乗分布W)}$

という形式の計算と同じものであることが確かめられました。この計算で一番重要なのは、UとWがともに母分散σを含むことで、σが約分されて、消えてしまうことです。これによって、σを含まないμだけを含む統計量が得られる、という仕組みなのでした。

第20講まとめ

①**母平均μと標本からの統計量Tの計算**
母平均μの正規母集団からのn個の標本に対する標本平均を$\bar{x}$とし、標本標準偏差をsとすると、これらから計算される

$T = \frac{(\bar{x}-\mu)\sqrt{n-1}}{s}$

=（標本平均−母平均）÷（標本標準偏差）×$\sqrt{自由度}$

は、**自由度（n−1）のt分布に従う。**

②**t分布は、はっきり相対度数がわかっている分布**である。ほとんど正規分布と同じような形状をしているが、正規分布よりはやや緩い山型である。すなわち、**頂上がやや低く、裾野はやや高い。**

[練習問題]

母平均 $\mu = 12$ の正規母集団から 4 個のデータを抽出したら、
 3、9、11、17
であった。

以下の手順に従って、T の値を計算せよ。

標本平均は $\bar{x} = ($ 　　　$)$

次に、標本分散 s^2 を計算しよう。

$$s^2 = \frac{\{(\ \ ) - (\ \ )\}^2 + \{(\ \ ) - (\ \ )\}^2 + \{(\ \ ) - (\ \ )\}^2 + \{(\ \ ) - (\ \ )\}^2}{(\ \ \ \ )}$$

$= ($ 　　　　$)$

したがって、標本標準偏差 $s = ($ 　　　$)$ である。

これから T の値を計算しよう。

$$T = \frac{(\bar{x} - \mu)\sqrt{n-1}}{s} = \frac{(\ \ \ )\sqrt{(\ \ \ \ )}}{(\ \ \ )} = (\ \ \ )$$

※解答は203ページ

column
t分布は、ギネスビールのおかげで見つかった

　t分布を発見して小標本での自然な推定を可能にしたゴセット(1876-1936)という化学者は、オックスフォード大学卒業後に、有名なビール会社であるギネス社に勤務した人でした。彼はギネス社でビールの管理や開発の研究に従事したわけですが、大麦やホップのようなビール原材料と製造条件との関係を分析するには、標本数を大きくとることができないので、**小標本の推定の技術の必要性を痛感する**ことになったわけです。

　そこでゴセットは悪戦苦闘の末、**t分布の方法論を発見**して、「スチューデント」という謙虚なペンネームで論文を投稿しました。これは現代から見れば画期的な発見だったのですが、当初はあまり注目されなかったようです。実際、当時この結果の重要性に気がついていたのは、統計学の祖R.A.フィッシャーぐらいのもので、ゴセットもフィッシャーにt分布の表を郵送したとき、「この表を使おうとする人はあなただけです」と書き添えたぐらいだそうです。そのフィッシャーはゴセットを"統計学のファラデー（イギリスの物理学者・化学者／1791-1867)"とまで評したそうですから、いかにこの発見の理解者であったかがわかります。

　当時はあまり理解されなかったこのt分布も、**今ではどんな統計学の教科書にも欠かせないもの**になっているのだから、科学的な発見というものの価値が認められるには、いかに時間がかかるか、ということを示すエピソードだといえるでしょう。
（以上は、蓑谷千凰彦『推測統計のはなし』東京図書、からまとめました）

第21講

t分布による区間推定
——正規母集団で母分散が
わからないときの母平均の推定

21-1　最も自然な区間推定——t分布

　ここまで長い道のりでした。読者のみなさんも挫折しそうになりながらも、やっとこさっとこ、たどりついて下さったことと思います。
　前講でt分布を手に入れたことで、統計的推定の中で、最も自然で、最も有用で、最もよく用いられる方法論が今や目前にあります。それは、
「母集団が正規分布であることしか知識を持たず、母分散が未知の状態で少ない標本から母平均を推定する」
という方法論です。以下のようにすればできます。
　正規母集団からn個の標本を観測するとき、

$$T = (標本平均 - 母平均) \div (標本標準偏差) \times \sqrt{n-1}$$

という統計量を作れば、それはt分布という完全に相対度数が把握された分布になることが前講の説明でわかっています。
　したがって、**95パーセント予言的中区間を作ることができ、それを利用すれば検定や区間推定が可能になる**のです。
　t分布の95パーセント予言的中区間は、図表21-1で与えられます。たとえば自由度が10の場合は、「自由度10」の隣の数字、2.228を読みます。
　そして95パーセント予言的中区間を、0を軸とした対称区間

$$-2.228 \leq T \leq +2.228$$

と求めればよいのです。すなわち「自由度10」のt分布に従うデータTを予言するなら、$-2.228 \leq T \leq +2.228$の範囲を予言すれば、「95パーセント当たる」ということです。

図表21-1　t分布の予言的中区間

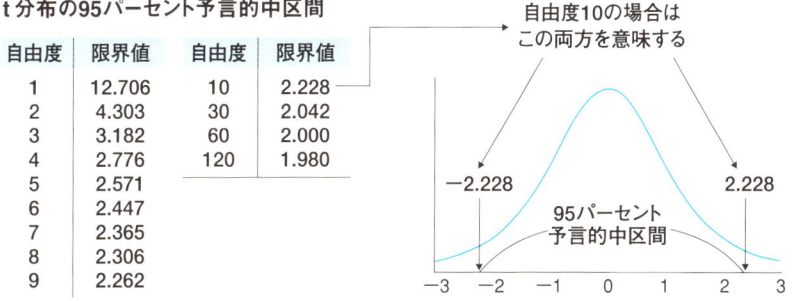

t分布の95パーセント予言的中区間

自由度	限界値	自由度	限界値
1	12.706	10	2.228
2	4.303	30	2.042
3	3.182	60	2.000
4	2.776	120	1.980
5	2.571		
6	2.447		
7	2.365		
8	2.306		
9	2.262		

自由度10の場合はこの両方を意味する

−2.228　　2.228
95パーセント予言的中区間

自由度が120になると、限界値が1.98となって1.96に近づいている。
これは自由度が大きくなるとt分布は正規分布に近づくことを意味する。

　さてTは母集団に関する情報を母平均μしか含んでいません。
　したがって、標本を具体的に得たもとでは、ある**母平均μの数値を仮定すれば、統計量Tが計算されてしまいます**。この計算されたTの数値が95パーセント予言的中区間に入っていなければ、μを棄却してしまう、それが「検定」の発想でした（図表21-2）。
　具体的に見てみるために、第20講20-3での例題をもう一度見てみましょう。
　今、1、5、7、9、13という5個の標本が正規母集団から得られたとします。このとき、この母集団の母平均μが6である、という仮説が妥当なものかどうか検討してみます。
　そのためには、この$\mu = 6$のもとで統計量Tを計算してみます。Tは自由度（5−1＝）4のt分布に従うことを知っています。計算結果は、184ペー

ジ例題の通り、0.5です。そこで、このT＝0.5というのがTの95パーセント予言的中区間に入っているかどうかを見てみます（つまり、μ＝6を知っていてTの値の範囲を予言するなら、その予言の範囲にT＝0.5を入れるかどうかを考えるということ）。

図表21－1からわかるのですが、自由度4のt分布の95パーセント予言的中区間は、$-2.776 \leq T \leq +2.776$となりますから、**T＝0.5はこの範囲内にあります**。

つまり、仮説としているμ＝6は、5個の標本によって計算されるTを十分に予言しうるものなので、**棄却するほど奇妙な仮説ではない**、ということになり、受け入れられることになるのです。

以上の作業が「**t検定**」と呼ばれるものです。そして、このt検定で生き残るμたちを範囲で表したものが、母平均μの「**95パーセント信頼区間**」ということになります。

図表21-2　t検定

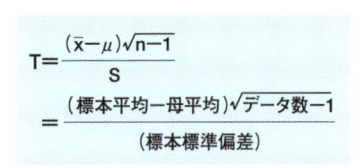

$$T = \frac{(\bar{x} - \mu)\sqrt{n-1}}{S} = \frac{(標本平均 - 母平均)\sqrt{データ数 - 1}}{(標本標準偏差)}$$

とデータを加工すれば、それは自由度がn-1のt分布をするとわかる。
そして、これがt分布の95パーセント予言的中区間に入っていると決めてかかって推定する。

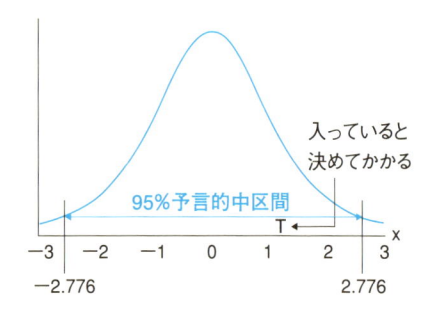

95％予言的中区間　入っていると決めてかかる
−2.776　2.776

21-2　t分布による区間推定の方法

以上、t分布を使った母平均の推定方法の考え方をおおまかに解説しました。もちろん、これは「t分布を使う」という以外は、前に解説した正規分布を使うものやカイ二乗分布を使うものと方法論自体はなんら変わりがありません。では、t分布を利用した母平均μの区間推定の方法を、いつものようにステップ分けしてまとめることにしましょう。

ステップ1
得られたn個の標本から標本平均 $\bar{x}$ と標本標準偏差 s を計算する。
ステップ2
標本平均 $\bar{x}$ と標本標準偏差 s と推定したい母平均 μ を使って、自由度n−1の t 分布に従う統計量 T を次のように計算する。

　　$T = (\bar{x} - \mu) \div s \times \sqrt{(n-1)}$

ステップ3
自由度n−1の95パーセント予言的中区間を図表21−1から調べ、$-\alpha \leqq T \leqq +\alpha$ という95パーセント予言的中区間を作る。
ステップ4

$$-\alpha \leqq \frac{(\bar{x} - \mu)\sqrt{n-1}}{s} \leqq +\alpha$$

を μ について解けば、それが95パーセント信頼区間となる。

それでは、具体例をやってみることにしましょう。
ある蝶の体長は、以下であった。
76ミリ、85ミリ、82ミリ、83ミリ、76ミリ、78ミリ
母平均を区間推定してみます。

標本平均は　$\bar{x} = \dfrac{76+85+82+83+76+78}{6} = 80$

標本分散は　$s^2 = \dfrac{(-4)^2 + 5^2 + 2^2 + 3^2 + (-4)^2 + (-2)^2}{6} = 12.33$

標本標準偏差は　$s = \sqrt{12.33} = 3.51$

自由度（6-1=）5の95パーセント予言的中区間は、
$-2.571 \leqq T \leqq +2.571$ となります。
不等式を立てる
　$-2.571 \leqq \dfrac{(80-\mu)\sqrt{5}}{3.51} \leqq +2.571$

不等式を解く
　$-2.571 \leqq (80-\mu) \times 0.637 \leqq +2.571$ 　← 　$\sqrt{5} \div 3.51$ を計算

$-4.036 \leq (80-\mu) \leq +4.036$　←　2.571÷0.637を計算
$\mu - 4.036 \leq 80 \leq \mu + 4.036$
75.964 ≦ μ ≦ 84.036　←　推定の結果

以上によって、正規分布だとわかっている母集団からの少数の観測データから、その母集団の平均値である母平均μを区間推定する方法が得られました。

しかもそれは、標本平均と標本標準偏差（S.D.）という第1部の最初のほうで導入したデータの特性を知るための基本的な統計量だけを使ってできたわけなので、見事にオチがつきましたね。これが**本書のゴール**であり、**統計学初級の免許皆伝**となります。

[第21講のまとめ]

① T＝（標本平均－母平均）÷（標本標準偏差）×$\sqrt{n-1}$
は自由度n－1のt分布に従う

② t分布を利用した正規母集団の母平均の推定法
ステップ1
得られたn個の標本から標本平均$\bar{x}$と標本標準偏差sを計算する。
ステップ2
標本平均$\bar{x}$と標本標準偏差sと推定したい母平均μを使って、自由度n－1のt分布に従う統計量Tを次のように計算する。
T＝（$\bar{x}-\mu$）÷s×$\sqrt{n-1}$
ステップ3
自由度n－1の95パーセント予言的中区間を図表21－1から調べ、
－α≦T≦＋αという予言区間を作る。
ステップ4
$$-\alpha \leq \frac{(\bar{x}-\mu)\sqrt{n-1}}{s} \leq +\alpha$$

をμについて解けば、それが95パーセント信頼区間となる。

[練習問題]

ある居酒屋の店主が売り上げの予測を立てたいと考えた。店主は売り上げを正規母集団から観測されるデータとみなし、その母平均μを代表的な売り上げとして推定しようとした。伝票の中からランダムに8枚を抜き出してみると、次のような数字が出てきた。

45、39、42、57、28、33、40、52（単位は万円）

母平均μを以下の手順で区間推定しよう。

まず、標本平均は$\bar{x}=($ 　　　$)$である。次に標本分散を計算する。

$$s^2=\frac{(\quad)^2+(\quad)^2+(\quad)^2+(\quad)^2+(\quad)^2+(\quad)^2+(\quad)^2+(\quad)^2}{(\quad)}$$

$\quad=($ 　　　$)$

したがって、標本標準偏差は$s=($ 　　　$)$

では、Tを計算しよう。

$$T=\frac{\{(\quad)-\mu\}\sqrt{(\quad)-1}}{(\quad)}=|(\quad)-\mu|\times(\quad)$$

Tは自由度（　　）のt分布に従うので、

$($ 　　　$)\leq\{($ 　　　$)-\mu\}\times($ 　　　$)\leq($ 　　　$)$

を満たすμが、求めるものである。これを解くと

$($ 　　　$)\leq($ 　　　$)-\mu\leq($ 　　　$)$

したがって、95パーセント信頼区間は、

$($ 　　　$)\leq\mu\leq($ 　　　$)$

となる。

※解答は203ページ

おわりに　統計学の楽しさは、その「飛躍」にある。

　筆者は、大学の学部では数学を専攻しましたが、その当時、確率・統計には全く関心を持ちませんでした。それどころか、何らかの形で「現実」が関わる確率・統計は数学ではない、とさえ思っていました。数学は完全に観念的で抽象的なものであって、現実との接点があってはならない、そんな風に感じていたのだと思います。

　そんな筆者が統計学と最初に取り組んだのは、30代も半ばを過ぎてから大学院・経済学研究科を受験しようと思い立ったときでした。院試の過去問を眺めながら、大学で経済学を学んだ経験のない自分には経済学の問題を選択するのは不利に違いなく、同じ知識がないにしても統計学の問題を選択したほうがいいだろう、そう考えたのです。

　そこで統計学の教科書を数冊買い込んできて次々と読破しました。しかし、どれを読んでも、わかったような、わからないような、曖昧模糊とした理解にしかならず、かなりいらだちました。そんな中、P.G.ホーエルの『入門数理統計学』（培風館）にめぐり合って、なんとか統計学のスタンスがおぼろげながらも見えてきたのです。ホーエルの本は、明らかに他書の判で押したような書き方とは構成が異なっていましたから、筆者の疑問の一部を解決してくれたのだと思います。

　院試には運良く合格したものの、その時点では統計学が身についたとは決していえない状態でした。何か奥歯にものが挟まったようなモヤモヤした感触があったのですが、何が疑問なのかがはっきりしなかったのです。そこで大学院では、統計学の講義を片っ端から受講することにしました。これが筆者の統計学との第二の取り組みとなりました。

　さすがに専門の統計学者による大学院の講義はとても勉強になり、その過程で「奥歯に挟まったもの」の正体がわかりました。

　それは一言でいうなら、統計学の論理にはある種の「飛躍」がある、ということでした。本文でも書きましたが、推測統計の方法論は「部分から全体を推論する」という「帰納法」です。これは数学という完全無欠の「演繹法」になじんだ筆者には、「飛躍だらけの論理体系」に見え、これを受け入れるためには、慣れ親しんだ思考法からいったん頭を切り換えなければならない、と悟ったのです。この段階でやっと統計学を教科書レベルには理解できたのだと思います。

　統計学との第三の取り組みは、帝京大学の教員として学生に統計学を教えることになったときでした。もちろん、教科書レベルできちんと教えることはできましたが、教える側が教科書レベルでしか理解できていないと、教わるほうは同じ水準には理解できないものです。筆者には、学生たちの理解が生半可なのが、彼らの努力の問題ではなく教える側の理解が甘いからだと思えました。

　そこで今度は、「自分の頭で、自分の流儀で」統計学を根本から考え直そうと思いまし

た。

　統計学における「飛躍」の正体を、もっと自然にもっと明快にもっと直感的に解釈したかったのです。幸いにも、このとき筆者は経済学者として、「確率論的意志決定理論」という数理経済学の一分野の研究と取り組んでいました。この取り組みの中で、「確率とは何か」ということを真剣に考えるうち、統計学における「飛躍」に対する独自の解釈に行き当たったのです。

　それが本書で「予言的中区間」と呼んだものです。これは、「確率において時制とは本質的には何であるか」ということを考えている過程で、その副産物として生まれた解釈でした。この考え方は、筆者が過去に読んだどの教科書にも書かれていないので、「異端」の考え方かもしれません。しかし、この解釈に至ってやっと、筆者の中での推測統計に対するモヤモヤとした気持ちがだいぶ解消されたので、本書でもこの解釈を全面に打ち出した次第です。もちろん、単なる「解釈」の問題ですから、これが釈然としなくても、統計的な計算や作業にはなんら支障をきたさないので安心してください。

　このように書くと、筆者が統計学の方法論に対して批判的であると受け取られてしまうかもしれませんが、それは全く逆です。

　統計学は、このような「飛躍」によってこそ、「現実」との密接なリンクを可能にしていて、それこそが統計学の面目躍如なのだ、そう筆者は考えています。こういう風に思えるのはきっと、筆者が数学の世界から離れ、生臭い現実を解明する経済学という地に足を着けたことの現れでしょう。読者の皆さんも、本書で統計学に興味を持ち、その「飛躍」を楽しみ、人生に活かせるようになれることを祈っています。

　筆者は、確率論の専門家ではあっても、統計学の専門家ではないので、念のため計量経済学の専門家である駒澤大学の飯田泰之さんに査読をお願いしました。急なお願いにもかかわらず快諾してくださったことにお礼を申し上げます。無理な日程でお願いしたので、飯田さんも見落とされたり、大目に見てくださったりした誤りも多少はあると思います。もちろん、それらの誤りは筆者一人の責任であることはいうまでもありません。

　最後に、この本の企画から編集までを担当してくださったダイヤモンド社の和田史子さんにお礼を申し上げます。和田さんの、原稿に対する容赦ない疑問符が、この本をどんなにわかりやすくしたことか。それもこれも、和田さんの「統計学を根本的に理解したい」という熱意からくるものであり、この熱意は筆者もそしてきっと読者も共有するものに違いありません。もし本書が読者であるあなたの期待に応えるものであったとすれば、それは編集者の情熱のたまもの、と賞賛してあげて欲しいと思います。

2006年9月　小島寛之

文献案内

本書のあとで読むと良い統計学の教科書

①鳥居泰彦『はじめての統計学』日本経済新聞社

　確率は使いますが、とにかく「できるだけ易しく書こう」という心づかいに満ちた良書です。本書で統計学の超入門を果たした読者なら、たぶん読み通すことができるでしょう。筆者も自分流に講義を組み立てる前は、大学でこれを教科書として採用していました。

②石村貞夫『統計解析のはなし』東京図書

　①よりは多少レベルが高いですが、統計学で必要な知識が一通りわかりやすく書いてあって、辞書的に使える良書です。データもオリジナルで楽しいものが多く、本書でもいくつか引用させてもらっています。(新版は『入門はじめての統計解析』)

③蓑谷千凰彦『推測統計のはなし』東京図書

　推測統計についての本です。①や②よりも説明が高度ですから、すぐには読めないかもしれません。しかし、統計学を下支えしている「思想」について非常に詳しく書いてあり、思想なしに計算だけを受け入れることのできない読者には最適の本だと思います。推測統計を作り上げた学者の個性とその人生のこと、彼らの対立や白熱した議論がわかり、統計学を人間味のある身近な学問だと感じられるようになるでしょう。

④P.G.ホーエル『入門数理統計学』培風館

　数学的にしっかりとしたバックボーンを与えた上で、最小限の道具立てで統計学の基礎を与えてくれるすばらしい本。本当に心底統計学がわかっていないとこういう大胆で個性的な書き方はできないと思います。ただし、大学レベルの微分積分(解析学)の知識が必要なので、その準備をしてから取り組むべき。長期的な目標にするとよいでしょう。

金融と統計学を絡めて勉強したい人が読むと良い本

⑤國友直人『現代統計学』上下　日経文庫

　統計学の入門書ではありますが、具体的なデータや応用として、経済を例にとっているのが特徴的です。とりわけ、株価の変動を例に標準偏差や時系列相関などを解説した章は秀逸。本書でもいくつか引用させていただきました。統計学の基礎を総覧する本としても、非常にしっかりしています。

⑥安達智彦『投資信託の見わけ方』ちくま新書

　統計学の教科書ではありませんが、金融商品の評価を統計的な手法も絡めて解説している良書です。下心を持って金融商品に手を出す前に、ぜひ読んでおくことをお勧めします。騙されないためにはまず勉強が大事です。本書でも、シャープレシオの解説で引用させていただきました。

数理統計学をきちんと勉強したい人が読むと良い本

⑦**竹村彰通『現代数理統計学』創文社**

　とにかく、すべてが数学的にきちんと説明してあるし、現代的な立場からアプローチしている本です。数学に強いなら、これとがっぷり取り組むといいですが、数学が得意でないなら手に取らないほうが身のためでしょう。

統計学を理解するのに必要な大学数学に、超入門するのに良い本

⑧**小島寛之『ゼロから学ぶ微分積分』講談社**

　高校レベルから始まって、終わりには大学教養レベルの微分積分までたどり着きます。本書と同じく、これ以上はしょって書くことは不可能、という限界に挑戦した本です。統計学との関係でいうと、確率分布を出すのに必要な「重積分の置換積分公式」の平明な解説があり、正規分布やベータ分布やガンマ分布の基礎の計算が理解できます。

⑨**小島寛之『ゼロから学ぶ線形代数』講談社**

　線形代数も、統計学を数学的にきちんと理解するには欠かせないものです。しかし、線形代数は微分積分以上に抽象的で、多くの初学者は途中で投げ出してしまうもの。そこで本書では、線形代数に図形的なイメージを徹底的に与えています。これを読んでから統計学と取り組めば、その難解な数学的構造を、「絵」として思い浮かべることが可能になるでしょう。

　統計学との直接の関係でいうと、連関係数や相関係数や最小二乗推定の基本に触れています。

マンガで勉強したい人が読むと良い本

⑩**高橋信『マンガでわかる統計学』オーム社**

　マンガで統計学の基礎を解説したものです。マンガだといってばかにしてはいけません。原作者の統計学の理解がすばらしいため、本当によくわかる教科書になっていて、筆者も舌を巻きました。ひょっとすると活字の教科書を読むよりずっと本質的な理解に達するかもしれないですよ。また、マンガの力量も高く、絵を眺めているだけでも楽しいという本でもあります。

⑪**小島寛之『マンガでわかる微分積分』オーム社**

　⑧を別の視点から再論した微分積分の入門書になっています。⑧よりも経済などの現実のモデルが多く導入され、マンガのストーリーもついているので、そもそも動的現象の記述である微分積分を動的なイメージで理解することができます。統計学との関連では、本書では事実だけを紹介した「コイン投げの分布が正規分布に近づく」ということの完全な数学的証明を与えています。十神さんのマンガもすばらしく、数学ラブコメという新領域を開発した画期的教科書です。

練習問題解答

第1講

①

階級	階級値	度数	相対度数	累積度数
36〜40	38	3	0.0375	3
41〜45	43	11	0.1375	14
46〜50	48	33	0.4125	47
51〜55	53	19	0.2375	66
56〜60	58	7	0.0875	73
61〜65	63	5	0.0625	78
66〜70	68	2	0.025	80

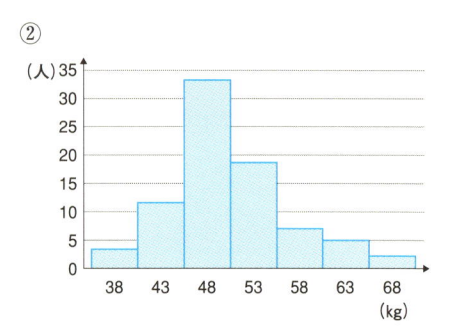

②

第2講

階級値	度数	相対度数	階級値×相対度数
30	5	0.05	1.5
50	10	0.1	5
70	15	0.15	10.5
90	40	0.4	36
110	20	0.2	22
130	10	0.1	13
			合計（平均値） 88

第3講

ステップ1：5
ステップ2：+1、−1、+1、+1、+1、−2、+2、−3、−3、+3
ステップ3：+1、+1、+1、+1、+1、+4、+4、+9、+9、+9　　平均値　4
ステップ4：$\sqrt{4}=2$

第4講

① 1、いえない
② 2.5、いってよい

第5講
① 6、6、−4、8　② 6、14、6、−10　③ −5、19、1、7、B、7、A、19

第6講
① 0.44　② 5.5

第7講
① 600、100、600、100、400、800　② 50、5、50、5、40、60

第8講
$\dfrac{x-(160)}{(10)}$、140.4、179.6

第9講
100、50、$\sqrt{100}$、5、$\dfrac{x-(50)}{(5)}$、−9.8、50、+9.8、40.2、59.8、入る、棄却されない

第10講
$\dfrac{(130)-\mu}{(6)}$、−11.76、130、+11.76、118.24、141.76

第11講
①

数字	相対度数	数字×相対度数
3	0.3	0.9
5	0.3	1.5
6	0.2	1.2
9	0.2	1.8
合計		5.4

② 母平均 μ = 5.4

③

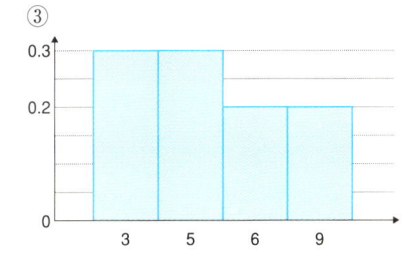

201

第12講

①

数字	相対度数	数字×相対度数
11	0.3	3.3
9	0.3	2.7
4	0.2	0.8
1	0.2	0.2
合計		7

母平均 $\mu = 7$

②

数字	偏差	偏差の2乗	相対度数	偏差の2乗×相対度数
11	4	16	0.3	4.8
9	2	4	0.3	1.2
4	−3	9	0.2	1.8
1	−6	36	0.2	7.2

15、15、3.87

第13講

①

	1	2	3	4
1	1	1.5	2	2.5
2	1.5	2	2.5	3
3	2	2.5	3	3.5
4	2.5	3	3.5	4

② 1、2、3、4、3、2、1

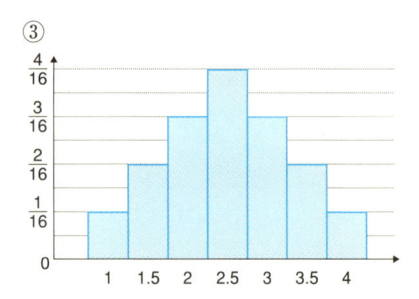

③

第14講

① 160、10、160、10、140.4、179.6
② 160、10/$\sqrt{4}$、160、10/$\sqrt{4}$、150.2、169.8
③ 160、10/$\sqrt{25}$、160、10/$\sqrt{25}$、156.08、163.92

第15講

① $\frac{(130)-\mu}{(10)}$、110.4、149.6
② 136、$\sqrt{4}$、5、$\frac{(136)-\mu}{(5)}$、126.2、145.8

第16講

0.5724、0.0718、0.5724、0.0718、0.5006

第17講

76、80、77、80、83、80、84、80、16、9、9、16、50、4、0.4844、
50、11.1433、50、11.1433、50、0.4844、4.487、103.220

第18講

10、−7、−1、＋1、＋7、4、25、5、4、25、100、3

第19講

80、76、80、77、80、83、80、84、80、4、−4、−3、＋3、＋4、4、12.5、50、3、0.2157、50、9.3484、50、9.3484、50、0.2157、5.34、231.80

第20講

10、3、10、9、10、11、10、17、10、4、25、5、−2、3、5、−0.6928

第21講

42、3、−3、0、15、−14、−9、−2、10、8、78、8.83、42、8、8.83、42、0.3、7、−2.365、42、0.3、2.365、−7.88、42、7.88、34.12、49.88

索引

あ
一様分布 …………………… 132
一般正規分布 ……………… 72,73,77
インカムゲイン …………… 54

か
階級 ………………………… 18
階級値 ……………………… 18
カイ二乗分布 ……………… 154,157
確率 ………………………… 11
仮説検定 …………………… 96,97
幾何平均 …………………… 31
棄却する …………………… 96,98
記述統計 …………………… 9
帰納的推論 ………………… 98
キャピタルゲイン ………… 54
95パーセント信頼区間 …… 100,106
95パーセント予言的中区間 … 83
区間推定 …………………… 100,106
月次平均収益率 …………… 55
検定 ………………………… 92,191
コイン投げ ………………… 76,79
国債 ………………………… 64
ゴセット …………………… 181,188

さ
採択する …………………… 98
算術平均 …………………… 31,33
二乗平均 …………………… 31,37
シャープレシオ（ＳＰＭ） … 63,66
自由度 ……………………… 153
自由度 n …………………… 154
自由度 n－1 ……………… 168
自由度 n－1 の t 分布 …… 183
縮約 ………………………… 17
推測統計 …………………… 10
数学的確率モデル ………… 127
スチューデントの t 分布 … 181,188
正規分布 …………………… 68,77,79
正規母集団 ………………… 133
選挙の出口調査 …………… 91
相乗平均 …………………… 31
相対度数 …………………… 18

た
大数の法則 ………………… 130
大標本の推定 ……………… 141
チェビシェフの不等式 …… 125
中心極限定理 ……………… 79,141

調和平均	31	母集団	90,110
t検定	192,194	母数(パラメーター)	93
t分布	181,183,185,186,188,	母標準偏差(σ)	119,121
統計	11,17	母分散(σ^2)	120,121
統計的推定	90	母平均(μ)	115,116
統計量	18,25	母平均の区間推定	146
統計量T	181,182,184,186,190,194	母平均μの95パーセント信頼区間	144,147
度数	18		
度数分布表	22,26,27	ボラティリティ	58

な

ノンパラメトリック　141

は

ハイリスク・ハイリターン　61,66
ヒストグラム　18,21,22
標準正規分布　68,71,72,77
標準偏差(S.D.)　38,40,41,44,52,119
標本分散(s^2)　150,157,167,170
標本平均($\bar{x}$)　126,130
分散　37,40,41,119
分布する　17
平均収益率　54
平均値　25,29,30,33,41,44,119,124
偏差　36,41,119,121

ま

無限母集団　111,116

や

有限母集団　110

ら

ランダム・サンプリング(無作為抽出)　114,116
リスク　60,61,63
リターン　63
累積度数　19
ローリスク・ローリターン　66

[著者]

小島寛之（こじま・ひろゆき）

帝京大学経済学部教授。経済学博士。数学エッセイスト。専攻は数理経済学。
1958年東京生まれ。東京大学理学部数学科卒。同大学院経済学研究科博士課程修了。
著書は『確率的発想法』（NHKブックス）、『使える！確率的思考』（ちくま新書）、『マンガでわかる微分積分』（オーム社）、『ゼロから学ぶ微分積分』（講談社）、『文系のための数学教室』（講談社現代新書）など多数ある。

完全独習 統計学入門

2006年9月28日　第1刷発行
2025年5月16日　第29刷発行

著　者——小島寛之
発行所——ダイヤモンド社
　　　　　〒150-8409　東京都渋谷区神宮前6-12-17
　　　　　https://www.diamond.co.jp/
　　　　　電話／03・5778・7233（編集）　03・5778・7240（販売）
装丁————遠藤陽一（DESIGN WORKSHOP JIN,inc.）
本文デザイン・DTP—相馬孝江／荒井雅美（TYPE FACE）
本文イラスト—草田みかん
製作進行——ダイヤモンド・グラフィック社
印刷————勇進印刷（本文）・新藤慶昌堂（カバー）
製本————ブックアート
編集担当——和田史子

ⓒ2006 小島寛之
ISBN 4-478-82009-0
落丁・乱丁本はお手数ですが小社営業局宛にお送りください。送料小社負担にてお取替えいたします。但し、古書店で購入されたものについてはお取替えできません。
無断転載・複製を禁ず
Printed in Japan

◆ダイヤモンド社の本◆

統計リテラシーのない者が
カモられる時代がやってきた！

あみだくじは公平ではない？　DMの送り方を変えるだけで何億円も儲かる？　現代統計学を創り上げた1人の天才学者とは？　統計学の主要6分野って？　──ITの発達とともにあらゆるビジネス・学問への影響力を増した統計学。その魅力とパワフルさ、全体像を、最新の研究結果や事例を多数紹介しながら解説する、今までにない統計学のガイドブック。

統計学が最強の学問である
データ社会を生き抜くための武器と教養
西内啓［著］

●四六判並製●定価（本体1600円＋税）

http://www.diamond.co.jp/